Getriebe für aussetzende Bewegung

Von

Ing. Otto Lichtwitz
London

Mit 49 Abbildungen

Springer-Verlag
Berlin / Göttingen / Heidelberg
1953

ISBN-13:978-3-540-01733-2 e-ISBN-13:978-3-642-92601-3
DOI: 10.1007/978-3-642-92601-3

Vorwort.

Drehbewegung wird im allgemeinen in der Weise übertragen, daß sich die treibende und die getriebene Welle gleichförmig drehen. Maschinen für zahlreiche Zwecke verlangen jedoch einen regelmäßigen Zyklus von Bewegung und Stillstand. Es gibt eine Unzahl von Mechanismen für die Erteilung von aussetzender Bewegung; obwohl viele unter ihnen geniale Schöpfungen sind, offenbaren sie gleichzeitig den Mangel einer systematischen Behandlung der damit verbundenen Probleme. Konstrukteure verschwenden oft Zeit mit dem Erfinden von Getrieben für Fälle, für welche es Routine-Lösungen gibt. Es ist daher nicht der Zweck dieses Buches, die verschiedenen Mechanismen zusammenzufassen, sondern vielmehr einige wenige vielseitige und allgemein anwendbare Typen zu behandeln.

Obwohl graphische Methoden für das Konstruieren und für die Untersuchung der kinematischen Verhältnisse angewendet werden können, gewähren solche Methoden nicht die Möglichkeit einer mathematischen Behandlung. Eine solche ist in dem vorliegenden Falle nicht ganz einfach; viele Funktionen sind transzendent und manche Formeln laden schwerlich zu einer zahlenmäßigen Auswertung ein. Dieses Buch enthält deshalb Tabellen mit Werten in so kleinen Abstufungen, daß Zwischenwerte ohne einen merklichen Fehler linear interpoliert werden können. Die Tabellen sollen nicht nur Zeit ersparen, sondern die Verringerung der Rechenarbeit soll auch verhindern, daß man den Wald vor lauter Bäumen nicht sieht, und soll damit ein tieferes Verständnis für die wesentlichen Merkmale erreichen.

Die spärliche Literatur über die hier behandelten Getriebe für aussetzende Bewegung ist in Zeitschriften verstreut. Die Behandlung kann daher nicht einheitlich sein und läßt viele Probleme ungelöst. Die Existenz der verschiedenen Aufsätze ist besonders den jüngeren Ingenieuren wenig bekannt, und die betreffenden alten Jahrgänge der Zeitschriften sind nicht allgemein zugänglich. Dieses Buch versucht eine Lücke zu füllen und zu einer erweiterten Anwendung dieser Getriebe beizutragen.

Diese Abhandlung ist ursprünglich in der Amerikanischen Zeitschrift Machine Design und in der Englischen Zeitschrift Engineering veröffentlicht worden. Der Verfasser ist den Herausgebern dieser zwei Zeitschriften für ihre Einwilligung zu der vorliegenden deutschen Ausgabe zu Dank verpflichtet.

London, im Frühjahr 1953.

Otto Lichtwitz.

Inhaltsverzeichnis.

I. Einleitung.

Eines der einfachsten Mittel für die Umwandlung von gleichförmiger in aussetzende Drehbewegung sind Sperräder. Die Bewegung der Sperräder wird meist von einer Kurbel oder von einem Exzenter abgeleitet und ist daher eine modifizierte harmonische Bewegung mit vorteilhaft verteilten Beschleunigungen und Verzögerungen. Wenn die Bewegung von einer Kurvenscheibe abgeleitet wird, können gleichwertige oder noch bessere kinematische Verhältnisse erzielt werden.

Da Sperrklinke und Sperrad nicht zwangsläufig miteinander verbunden sind, trifft die Klinke plötzlich die Zähne des Sperrades. Wenn die angetriebene Welle nicht wirksam gebremst ist, verliert das Sperrad während der Periode der beabsichtigten Verzögerung den Zusammenhang mit der Sperrklinke. Der zuerst genannte Übelstand macht das Sperradgetriebe zumindest geräuschvoll und der zweite macht den Betrag der Drehung des Sperrades unverläßlich. Mit Ausnahme der Fälle, in welchen Sperradgetriebe nur zur Verhinderung einer unbeabsichtigten Rückwärtsbewegung dienen, sollten sie nur verwendet werden, wenn eine Ungenauigkeit der Bewegung zulässig ist. Wenn der Antrieb der Sperräder von Kurbeln oder Exzentern abgeleitet ist, nehmen Bewegung und Stillstand ungefähr gleiche Teile eines Zyklus ein und bringen damit eine weitere Einschränkung in ihrer Anwendung mit sich.

Durch Reibung wirkende Klemmgesperre sind geräuschärmer; ihr Wesen führt jedoch zu noch größeren Ungenauigkeiten.

Zwangsläufig arbeitende Getriebe für aussetzende Bewegung sind mit Problemen verbunden, welche bei Getrieben für die Übertragung von gleichförmiger Drehbewegung unbekannt sind. Während für gleichförmige Drehbewegung das Übersetzungsverhältnis durch den Winkel bestimmt ist, um welchen sich die getriebene Welle während einer Umdrehung der treibenden Welle dreht, verlangt eine aussetzende Bewegung die zusätzliche Kenntnis der Verteilung von Bewegung und Stillstand. Die eigentliche Zahnform der Getriebe für gleichförmige Bewegung braucht im allgemeinen vom Konstrukteur nicht ermittelt zu werden, da sie durch die Angabe des Verzahnungssystems, Zähnezahl, Schrägungswinkel und ähnliche Angaben eindeutig festgelegt ist; bei der Konstruktion der Getriebe für aussetzende Bewegung ist die Ermittlung der Zahnformen die Hauptaufgabe. Ein anderes Merkmal, welches kein Äquivalent bei Rädern für gleichmäßige Drehbewegung hat, besteht darin, daß nicht nur die Teile für die Übertragung der Bewegung, sondern auch die Teile für die Sperrung konstruiert werden müssen. Die Umfangsgeschwindigkeit gleichförmig sich drehender Räder hat nur eine geringe Bedeutung, wenn sie klein ist, und verlangt bloß zusätzliche Erwägungen in der Bemessung der Räder, wenn sie groß ist. Die Beschleunigungen und Verzögerungen der aussetzenden Getriebe haben jedoch Massenkräfte zur Folge, welche ein Vielfaches der zu übertragenden Umfangskräfte sein können und deshalb bei der Konstruktion entsprechend berücksichtigt werden sollen.

Ein wohlbekanntes zwangsläufiges Getriebe für aussetzende Bewegung ist das Malteserkreuzgetriebe. Es wird häufig für den Antrieb der Rundtische von Pressen benutzt; eine andere Anwendung ist in der Reproduktion von Filmen, wo es der aussetzenden Bewegung des Filmes dient. Die Verteilung von Bewegung und Stillstand läßt nur wenig Freiheit zu.

Das Sternradgetriebe ist mit dem Malteserkreuzgetriebe verwandt und unterscheidet sich von ihm dadurch, daß die Verteilung von Bewegung und Stillstand beinahe willkürlich gewählt werden kann.

Das treibende Element der aussetzenden Getriebe dreht sich gewöhnlich mit gleichbleibender Winkelgeschwindigkeit ω und der Winkel, um welchen sich das treibende Rad während der Zeit t dreht, ist ωt. Der Einfachheit wegen soll späterhin mit $\omega = 1$ gerechnet werden. In diesem Falle sind die Zeit t und der Winkel α numerisch gleich, so daß die Zeit durch den von dem treibenden Rade zurückgelegten Winkel ersetzt werden kann.

Die Winkelgeschwindigkeit $\omega = 1$ entspricht $30/\pi = 9{,}55$ Umdrehungen pro Minute. Wenn N die Anzahl der Umdrehungen pro Minute ist, müssen die Winkelgeschwindigkeiten mit $\frac{\pi N}{30}$ multipliziert werden. Wenn die Drehbewegung durch Rollen oder Kettenräder vom Durchmesser d in eine geradlinige umgewandelt wird, erhält man die geradlinige Geschwindigkeit durch die weitere Multiplikation mit $d/2$.

Die Beschleunigung und Verzögerung einer sich drehenden Masse hat eine tangentiale und eine radiale Komponente. Die zuerst genannte ist die interessantere und nur diese verbleibt, wenn die Drehbewegung in eine translatorische umgewandelt wird; unter Beschleunigung soll im folgenden stets die tangentiale Komponente verstanden werden und zwar für $\omega = 1$. Wenn die Anzahl der Umdrehungen pro Minute N ist, müssen die so definierten Beschleunigungen mit $\left(\frac{\pi N}{30}\right)^2$ multipliziert werden und die lineare Beschleunigung wird durch die weitere Multiplikation mit dem Halbmesser der sich aussetzend drehenden Rolle erhalten.

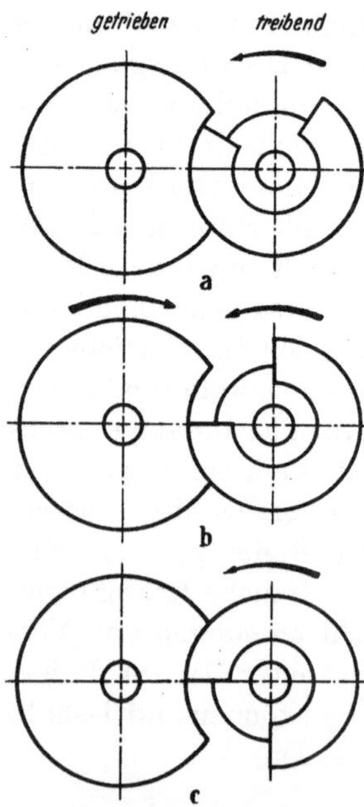

Abb. 1. Vorrichtung für die Sperrung des getriebenen Rades während des Stillstandes.

Tab. 1 (S. 62) enthält die Werte $\frac{\pi N}{30}$ und $\left(\frac{\pi N}{30}\right)^2$. Da die Beschleunigung mit dem Quadrate der Drehzahl wächst, sind kinematische Erwägungen in der Anwendung für rasch laufende Maschinen unerläßlich. Der Konstrukteur sollte in solchen Fällen auch darauf achten, daß die Trägheitsmomente der getriebenen Elemente oder die zu beschleunigenden und verzögernden Massen so klein als möglich sind.

Eine der zahlreichen Möglichkeiten für die Sperrung der getriebenen Welle während der Periode des Stillstandes ist in Abb. 1 gezeigt. Die Sperrtrommel des treibenden Rades ist ein Teil eines Zylinders, welcher sich ohne Spiel in einer konkaven Ausnehmung des getriebenen Rades bewegt. In der in Abb. 1a dargestellten Lage ist das getriebene Rad gesperrt, da sich die konkave Ausnehmung infolge der Sperrtrommel in keiner Richtung drehen kann. Wenn die Sperrtrommel die in Abb. 1b dargestellte Lage erreicht, kann sich die anzutreibende Welle im Uhrzeigersinn so lange drehen, bis die in Abb. 1c dargestellte Lage erreicht ist. Wenn sich die getriebene Welle im Uhrzeigersinne gedreht hat, kommt sie in dieser Stellung zu einem Stillstand, da die Sperrtrommel unmittelbar darauf wieder das getriebene Rad sperrt.

Die Sperrtrommel in Abb. 1 erstreckt sich über 270° und die getriebene Welle ist während $\frac{3}{4}$ einer Umdrehung der treibenden Welle gesperrt. Im allgemeinen nimmt die Sperrtrommel denselben Teil von 360° ein wie der Stillstand in einem Zyklus.

Die Elemente für die Sperrung sind gewöhnlich mit den treibenden und den getriebenen Rädern verbunden oder bilden mit ihnen ein einheitliches Werkstück. Wenn die getriebene Welle während eines Zyklus nur einen Bruchteil einer Umdrehung macht, hat die Sperrscheibe auf der getriebenen Welle eine Anzahl von konkaven Ausnehmungen.

Die getriebene Welle hat während der Periode der Verzögerung das Bestreben, eine größere Geschwindigkeit beizubehalten und die treibende Welle anzutreiben. Wenn in dem aussetzenden Getriebe oder in einem vorhergehenden oder folgenden Paare gewöhnlicher Zahnräder ein Spiel ist, kann die Änderung der wirksamen Zahnflanke am Anfange der Verzögerung Stöße bewirken. Um diesem Übelstande vorzubeugen, ist es ratsam, Zahnspiel soweit als möglich auszuschalten, und es ist auch empfehlenswert, die getriebene Welle zu bremsen. Die Anwendung von Wälzlagern für die getriebene Welle ist nicht angebracht.

II. Außen-Malteserkreuzgetriebe.

Die meist verbreitete Form dieser Getriebe dient für die Erteilung von Schaltbewegungen von 90° (Abb. 2 u. 3) und der Name dieser Getriebe ist auf die Ähnlichkeit des getriebenen Rades mit dem Ordenszeichen der Malteserritter zurückzuführen.

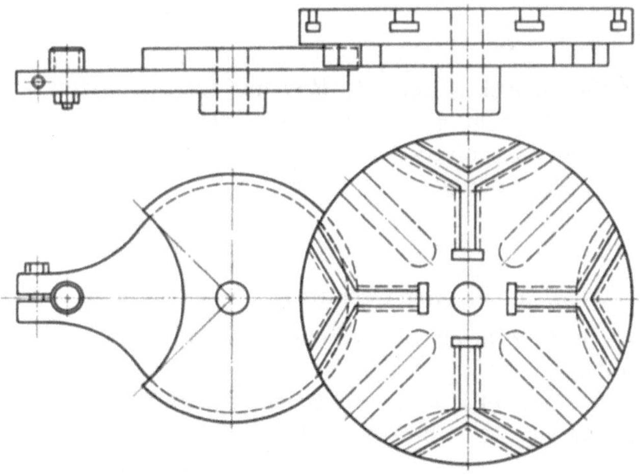

Abb. 2. Malteserkreuzgetriebe mit vier Stationen; das getriebene Rad dient als Aufspanntisch.

Die Abb. 4a u. b zeigen ein Getriebe mit fünf Stationen in zwei verschiedenen Stellungen. Die wesentlichen Merkmale des treibenden Rades ist eine treibende Rolle und eine Sperrtrommel. In der in Abb. 4a gezeigten Stellung ist die Rolle im Begriffe, in einen der Schlitze des getriebenen Rades einzutreten. Die Sperrtrommel hat in diesem Augenblicke eine Stellung erreicht, welche es gestattet, daß sich das getriebene Rad in der angegebenen

Richtung dreht, und zwar so lange, bis die Rolle die in gestrichelten Linien angegebene Stellung erreicht. Die Sperrtrommel verhindert dann eine Drehung des getriebenen Rades, bis die Rolle wieder in einen Schlitz eintritt.

1. Geometrie.

Alle erwähnten Abbildungen zeigen Malteserkreuzgetriebe, bei welchen die radial gerichteten Mittellinien der Schlitze in der Stellung des Stillstandes Tangenten der Kreisbahn der treibenden Rolle bilden. Das getriebene Rad beginnt und beendet die Bewegung in diesen Fällen stoßfrei. Obwohl dieses Merkmal nicht unbedingt nötig ist, sollen nur Getriebe dieser Art betrachtet werden.

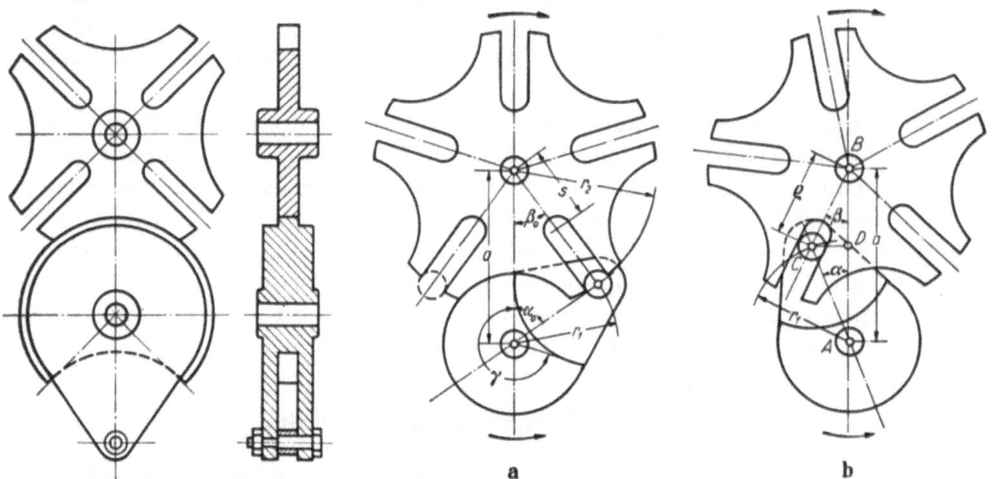

Abb. 3. Malteserkreuzgetriebe mit vier Stationen.

Abb. 4. Malteserkreuzgetriebe bei a in der Stellung, in welcher die Bewegung des getriebenen Rades beginnt, bei b in einer allgemeinen Lage während der Periode der Bewegung des getriebenen Rades.

Das in Abb. 4 gezeigte Rad mit fünf Schlitzen möge betrachtet werden, als ob es allgemein n Schlitze hätte. Der Winkel β_0 zwischen der Mittellinie des Schlitzes am Anfang der Bewegung und der Verbindungslinie der Mitten der zwei Räder ist, im Bogenmaße ausgedrückt,

$$\beta_0 = \frac{\pi}{n} \tag{1}$$

Wenn dieser oder irgendein anderer Winkel in Graden ausgedrückt werden soll, muß π durch $180°$ ersetzt werden oder der Bogen mit $\frac{180°}{\pi}$ multipliziert werden.

Der Winkel α_0, um welchen sich die treibende Rolle am Anfange der Bewegung vor der Mittellage befindet, ist

$$\alpha_0 = \frac{\pi}{2} - \beta_0 = \frac{\pi}{2} - \frac{\pi}{n} = \frac{\pi}{2}\,\frac{n-2}{n} \tag{2}$$

Das getriebene Rad macht während n Umdrehungen des treibenden Rades 1 Umdrehung, so daß das Übersetzungsverhältnis in einem gewissen Sinne n ist.

Es ist jedoch zweckmäßiger, nur die Periode der Bewegung zu betrachten und $\varepsilon = \frac{\alpha_0}{\beta_0}$ das Übersetzungsverhältnis zu nennen.

$$\varepsilon = \frac{\alpha_0}{\beta_0} = \frac{\frac{\pi}{2} \frac{n-2}{n}}{\frac{\pi}{n}} = \frac{n-2}{2} \tag{3}$$

Wenn die Mittenentfernung des treibenden und getriebenen Rades a ist, sind die Halbmesser des treibenden und des getriebenen Rades

$$r_1 = a \sin \beta_0 \tag{4}$$

$$r_2 = a \cos \beta_0 \tag{5}$$

und ihr Verhältnis

$$\mu = \frac{r_2}{r_1} = \operatorname{ctg} \beta_0 \tag{6}$$

Gl. (3) und (6) zeigen, daß im Gegensatz zu Zahnrädern für die Übertragung gleichförmiger Drehbewegung ε und μ nicht identisch sind, mit der Ausnahme von $n = 4$.

Der Abstand s der inneren Begrenzung der Schlitze von der Mitte des getriebenen Rades ist

$$s \leqq a - r_1 = a(1 - \sin \beta_0) \tag{7}$$

Der Winkel, über welchen sich die Sperrtrommel erstreckt, ist

$$\gamma = 2(\pi - \alpha_0) = 2\left(\pi - \frac{\pi}{2} + \frac{\pi}{n}\right) = \frac{\pi}{n}(n+2) \tag{8}$$

Der Halbmesser der Sperrtrommel kann innerhalb gewisser Grenzen willkürlich gewählt werden. Je größer der Halbmesser der Sperrtrommel ist, desto wirksamer ist die Sperrung, aber desto schwächer werden die Räder in der Nähe des Einlaufes in die Schlitze. Eine Grenze wird erreicht, wenn die konkaven Ausnehmungen bis an die Schlitze reichen. Mit abnehmendem Halbmesser der Sperrtrommel wird die Sperrwirkung weniger verläßlich, und es wird schließlich eine Grenze erreicht, wo die Sperrung ganz aufhört.

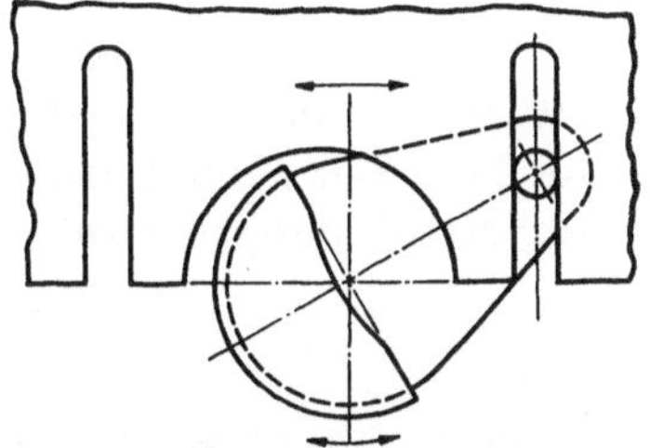

Abb. 5. Malteserkreuzgetriebe mit unendlicher Anzahl von Stationen.

Das Verhältnis zwischen der Dauer der Bewegung und der Dauer einer Umdrehung der treibenden Welle ist

$$\nu = \frac{2\alpha_0}{2\pi} = \frac{2\left(\frac{\pi}{2} - \frac{\pi}{n}\right)}{2\pi} = \frac{n-2}{2n} = \frac{\varepsilon}{n} \tag{9}$$

Wenn die Werte 1 oder 2 für n in die obigen Formeln eingesetzt werden, ergeben sich praktisch unbrauchbare Werte. Die kleinstmögliche ganze Zahl für n ist daher 3.

Tab. 2 (S. 63) enthält die oben betrachteten Werte für die in der Praxis zu erwartenden Anzahl von Stationen. Das Verhältnis ν der Bewegung in einem Zyklus wächst mit zunehmender Anzahl von Stationen und erreicht bei $n = \infty$ (Abb. 5) den Wert 0,5; Bewegung und Stillstand nehmen in diesem Falle je eine

Hälfte eines Zyklus ein. Der Winkel β_0 nimmt gleichzeitig ab und erreicht bei $n = \infty$ den Wert 0. Dieser Umstand berechtigt auch ohne die spätere Untersuchung der kinematischen Verhältnisse zu der Annahme, daß Malteserkreuzgetriebe um so ruhiger arbeiten, je größer die Zahl der Stationen ist. Es ist daher vorteilhaft, diese Zahl größer zu wählen als unbedingt nötig ist und Rundtischpressen haben manchmal trotz höherer Kosten für die Werkzeuge eine größere Anzahl von Stationen als der Verwendungszweck verlangt.

2. Kinematik.

Das Getriebe, welches in Abb. 4a in der Stellung am Anfange der Bewegung gezeigt ist, ist in Abb. 4b in einer Stellung während der Bewegung dargestellt, wenn sich das treibende Rad den Winkel α und das getriebene Rad den Winkel β hinter der Mittellage befindet.

Der Abstand der treibenden Rolle von der Mitte des treibenden Rades ist $AC = r_1 = a \sin \beta_0$, s. Gl. (4). Der Abstand der treibenden Rolle von der Mitte des getriebenen Rades ist

$$BC = \varrho = \sqrt{a^2 + r_1^2 - 2 a r_1 \cos \alpha} = a \sqrt{1 + \sin^2 \beta_0 - 2 \sin \beta_0 \cos \alpha}$$

Da der Abstand $CD = r_1 \sin \alpha = \varrho \sin \beta$ ist,

$$\text{ist} \sin \beta = \frac{r_1}{\varrho} \sin \alpha = \frac{\sin \beta_0 \sin \alpha}{\sqrt{1 + \sin^2 \beta_0 - 2 \sin \beta_0 \cos \alpha}}$$

und daraus folgt

$$\beta = \operatorname{arc} \sin \frac{\sin \beta_0 \sin \alpha}{\sqrt{1 + \sin^2 \beta_0 - 2 \sin \beta_0 \cos \alpha}} \tag{10}$$

Wenn sich das treibende Rad mit der Winkelgeschwindigkeit $\omega = 1$ dreht, so daß die Zeit t durch den Winkel α ersetzt werden kann, wird die Winkelgeschwindigkeit des getriebenen Rades durch Differenzieren von β nach α erhalten.

$$\frac{d\beta}{d\alpha} = \frac{\sin \beta_0 (\cos \alpha - \sin \beta_0)}{1 + \sin^2 \beta_0 - 2 \sin \beta_0 \cos \alpha} \tag{11}$$

Abb. 4b macht es klar, daß die Entfernung ϱ in der Mittellage ($\alpha = 0$) am kürzesten ist und daß die Winkelgeschwindigkeit in dieser Lage ein Maximum erreicht, nämlich

$$\left(\frac{d\beta}{d\alpha}\right)_0 = \frac{\sin \beta_0}{1 - \sin \beta_0} = \frac{\sin \beta_0}{2 \sin^2 \left(\frac{\pi}{4} - \frac{\beta_0}{2}\right)} \tag{12}$$

Der erste Ausdruck der Gl. (12) kann leicht direkt aus Abb. 4 abgeleitet werden; der zweite Ausdruck ist für eine logarithmische Auswertung vorteilhafter.

Differenzieren der Gl. (11) nach α führt zu der Winkelbeschleunigung des getriebenen Rades.

$$\frac{d^2\beta}{d\alpha^2} = - \frac{\sin \beta_0 \cos^2 \beta_0 \sin \alpha}{(1 + \sin^2 \beta_0 - 2 \sin \beta_0 \cos \alpha)^2} \tag{13}$$

Vor der Mittellage ($\alpha < 0$) ist der Wert $\frac{d^2\beta}{d\alpha^2}$ größer als 0, so daß das getriebene Rad beschleunigt wird. In der Mittellage ($\alpha = 0$) ist $\frac{d^2\beta}{d\alpha^2} = 0$ und wird nachher negativ, so daß das getriebene Rad verzögert wird.

Man erhält die Winkelbeschleunigung am Anfange der Bewegung durch Einsetzen von $\alpha = -\alpha_0 = \beta_0 - \frac{\pi}{2}$ in Gl. (13).

$$\left(\frac{d_2 \beta}{d\alpha^2}\right)_{-\alpha_0} = \operatorname{tg} \beta_0 \tag{14}$$

Die Winkelverzögerungen sind wegen der Symmetrie der Getriebe gleich den Winkelbeschleunigungen und brauchen deshalb nicht untersucht zu werden.

Der dritte Differentialquotient von β nach α ist

$$\frac{d^3\beta}{d\alpha^3} = -\sin\beta_0 \cos^2\beta_0 \frac{2\sin\beta_0\cos^2\alpha + (1+\sin^2\beta_0)\cos\alpha - 4\sin\beta_0}{(1+\sin^2\beta_0 - 2\sin\beta_0\cos\alpha)^3} \tag{15}$$

Ein Extrem der Winkelbeschleunigung — und zwar ein Maximum — tritt in der Stellung auf, in welcher $\frac{d^3\beta}{d\alpha^3} = 0$ ist oder in welcher $2\sin\beta_0\cos^2\alpha + (1+\sin^2\beta_0)\cos\alpha - 4\sin\beta_0 = 0$. Die Lösung ist $\cos\alpha = -\frac{1+\sin^2\beta_0}{4\sin\beta_0} \pm \sqrt{\left(\frac{1+\sin^2\beta_0}{4\sin\beta_0}\right)^2 + 2}$. Da der Wert der Quadratwurzel größer als 1 ist, verbleibt nur das Pluszeichen, so daß

$$\alpha_{\max} = \operatorname{arc}\cos\left[-\frac{1+\sin^2\beta_0}{4\sin\beta_0} + \sqrt{\left(\frac{1+\sin^2\beta_0}{4\sin\beta_0}\right)^2 + 2}\right] \tag{16}$$

Wenn man $\alpha = \alpha_{\max}$ in Gl. (13) einsetzt, erhält man das Maximum der Winkelbeschleunigung.

$$\left(\frac{d^2\beta}{d\alpha^2}\right)_{\max} = -\frac{\sin\beta_0\cos^2\beta_0\sin\alpha_{\max}}{(1+\sin^2\beta_0 - 2\sin\beta_0\cos\alpha_{\max})^2} \tag{17}$$

Abb. 6 zeigt für das Malteserkreuzgetriebe mit vier Stationen β, $\frac{d\beta}{d\alpha}$ und $\frac{d^2\beta}{d\alpha^2}$ als Funktionen von α, von welchen $\frac{d^2\beta}{d\alpha^2}$ besonders interessant ist. Die Winkelbeschleunigung beginnt bei $-45°$ plötzlich mit einem von null verschiedenen Betrage, wächst zu einem Maximum bei $\alpha_{\max} = -11° 24'$ und fällt ziemlich steil zu null bei $a = 0$. Die rechte Seite des Diagrammes zeigt den analogen Verlauf der Winkelverzögerung.

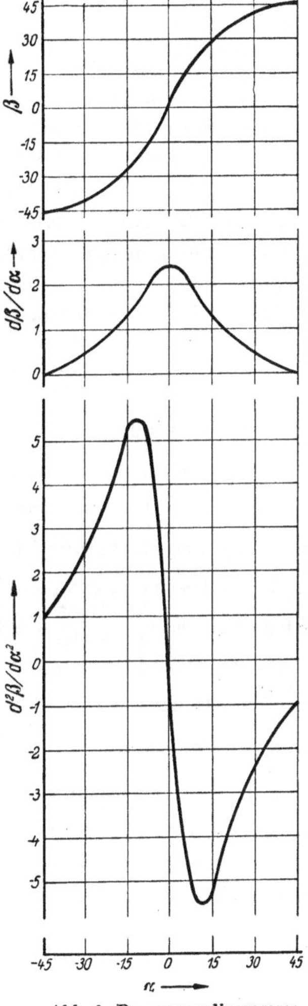

Abb. 6. Bewegungsdiagramme des Malteserkreuzgetriebes mit vier Stationen.

Man erhält ein Maß für die Geschwindigkeit des Überganges von Winkelbeschleunigung zu Winkelverzögerung durch Einsetzen von $\alpha = 0$ in Gl. (15).

$$\left(\frac{d^3\beta}{d\alpha^3}\right)_0 = -\frac{\sin\beta_0\cos^2\beta_0}{(1-\sin\beta_0)^4} = -\frac{\sin\beta_0\cos^2\beta_0}{16\sin^8\left(\frac{\pi}{4} - \frac{\beta_0}{2}\right)} \tag{18}$$

Das Minuszeichen gibt an, daß in der Nähe von $\alpha = 0$ die Winkelbeschleunigung mit wachsendem Winkel abnimmt, und bloß der absolute Betrag ist von Interesse.

Tab. 2 (S. 63) enthält außer den für die Konstruktion nötigen geometrischen Werte auch

$$\left(\frac{d\beta}{d\alpha}\right)_0, \quad \left(\frac{d^2\beta}{d\alpha^2}\right)_{-\alpha_0}, \quad \alpha_{\max}, \quad \left(\frac{d^2\beta}{d\alpha^2}\right)_{\max} \quad \text{und} \quad \left(\frac{d^3\beta}{d\alpha^3}\right)_0.$$

Beispiel 1. Die kinematischen Verhältnisse eines Malteserkreuzgetriebes mit vier Stationen sind zu untersuchen, welches eine Vorschubwalze von 127,32 mm Durchmesser antreibt, um einen Vorschub von $\frac{127{,}32\,\pi}{4} = 100$ mm pro Umdrehung der treibenden Welle zu erhalten. $N = 50$ U. p. M.

Für $\omega = 1$ ist laut Tab. 2 (S. 63) das Maximum der Winkelgeschwindigkeit 2,41 pro sek. Für $N = 50$ ist sie (laut Tab. 1, S. 62) $5{,}2360 \times 2{,}41 = 12{,}62$ pro sek; das Maximum der Vorschubgeschwindigkeit ist $\frac{1}{2} \times 127{,}32 \times 12{,}62 = 803{,}4$ mm pro sek.

Für $\omega = 1$ ist die Winkelbeschleunigung am Anfange der Bewegung gleich 1; bei $\alpha_{\max} = -11°\,24'$ ist sie 5,41 pro sek² (laut Tab. 2). Für $N = 50$ müssen diese Werte mit 27,416 (laut Tab. 1) multipliziert werden, so daß man $27{,}416 \times 1 = 27{,}416$ und $27{,}416 \times 5{,}4 = 148{,}32$ pro sek² erhält.

Die geradlinigen Beschleunigungen werden durch weiteres Multiplizieren mit $\frac{1}{2} \times 127{,}32$ erhalten. Sie sind 1745,3 mm pro sek² am Anfang der Bewegung und 9442,1 mm pro sek² für das Maximum; der letztere Betrag ist ein wenig kleiner als die Erdbeschleunigung.

Tab. 2 (S. 63) offenbart, daß die kinematischen Verhältnisse um so günstiger sind, je größer die Anzahl der Stationen ist. Um sich den Einfluß von n zu vergegenwärtigen, möge Beisp. 1 für eine andere Anzahl von Stationen wiederholt werden.

Beispiel 2. Das im Beisp. 1 angegebene Malteserkreuzgetriebe soll durch eines mit drei Stationen ersetzt werden. Da die getriebene Welle $\frac{1}{3}$ statt $\frac{1}{4}$ Umdrehungen während einer Umdrehung der treibenden Welle macht, muß der Durchmesser der Vorschubwalze zu $\frac{3}{4} \times 127{,}32 = 95{,}49$ mm verringert werden, um den gleichen Vorschub zu erhalten. Das Maximum der Winkelgeschwindigkeit ist zu dem $\frac{6{,}46}{2{,}41} = 2{,}68$fachen Betrag vergrößert.

Das Maximum der Vorschubgeschwindigkeit ist mehr als doppelt, da $\frac{3}{4} \cdot \frac{6{,}46}{2{,}41} = 2{,}01$ ist.

Am Anfange der Bewegung ist die Winkelbeschleunigung $\frac{1{,}732}{1} = 1{,}732$ mal so groß und die geradlinige Beschleunigung ist $\frac{3}{4} \times 1{,}732 = 1{,}30$ mal so groß als im Beisp. 1. Das Maximum der Winkelbeschleunigung ist $\frac{31{,}44}{5{,}410} = 5{,}81$fach und das Maximum der geradlinigen Beschleunigung ist $\frac{3}{4} \cdot \frac{31{,}44}{5{,}410} = 4{,}36$fach.

Die Geschwindigkeit des Überganges von Winkelbeschleunigung zu Winkelverzögerung ist $\frac{672{,}0}{48{,}04} = 13{,}99$fach und die Geschwindigkeit des Überganges von geradliniger Beschleunigung zu Verzögerung ist $\frac{3}{4} \cdot \frac{672{,}0}{48{,}04} = 10{,}49$ mal so groß als im Beisp. 1.

Beisp. 2 zeigt, daß der Schritt von vier zu drei Stationen von einer beträchtlichen Verschlechterung der kinematischen Verhältnisse begleitet ist. Da das Malteserkreuzgetriebe mit vier Stationen selbst nicht kinematisch vorteilhaft ist, sollten Getriebe mit drei Stationen am besten vermieden werden.

3. Abänderungen.

Der Verlauf der Bewegung eines Malteserkreuzgetriebes ist durch die Zahl der Stationen oder durch den Schaltwinkel des getriebenen Rades bestimmt. Es gibt jedoch einige Möglichkeiten von Abänderungen, welche die Anwendungsmöglichkeiten etwas vergrößern.

Abb. 7 zeigt ein normales getriebenes Rad mit vier Schlitzen, während das treibende Rad mit drei gleichmäßig verteilten Rollen und mit drei Sperrschuhen ausgerüstet ist. Das getriebene Rad macht während jedes Drittels einer Umdrehung des treibenden Rades eine viertel Umdrehung und der Zyklus wiederholt sich dreimal während jeder Umdrehung des treibenden Rades. Der Anteil ν der Bewegung in einem Zyklus ist daher verdreifacht. Wenn eine derartige Vergrößerung von ν zulässig ist, kann das in Abb. 7 dargestellte Getriebe solche laut Abb. 2 u. 3 ersetzen; die Drehzahl der treibenden Welle kann in diesem Falle zu einem Drittel

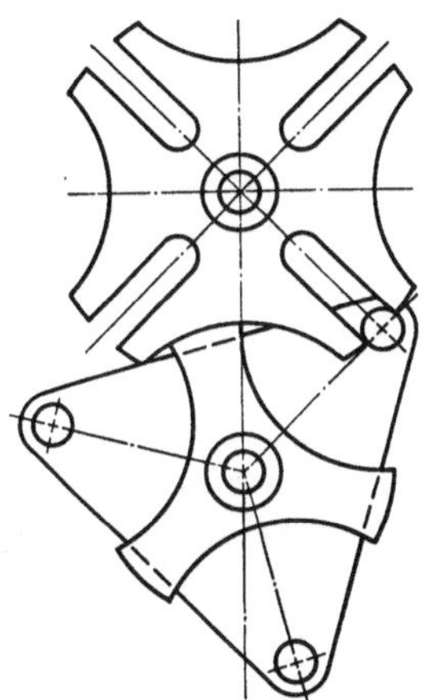

Abb. 7. Malteserkreuzgetriebe mit vier regelmäßig verteilten Schlitzen und drei regelmäßig verteilten Rollen.

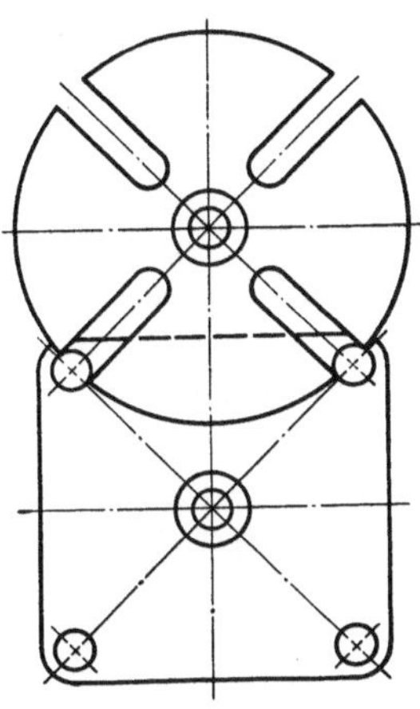

Abb. 8. Malteserkreuzgetriebe mit vier regelmäßig verteilten Schlitzen und vier regelmäßig verteilten Rollen.

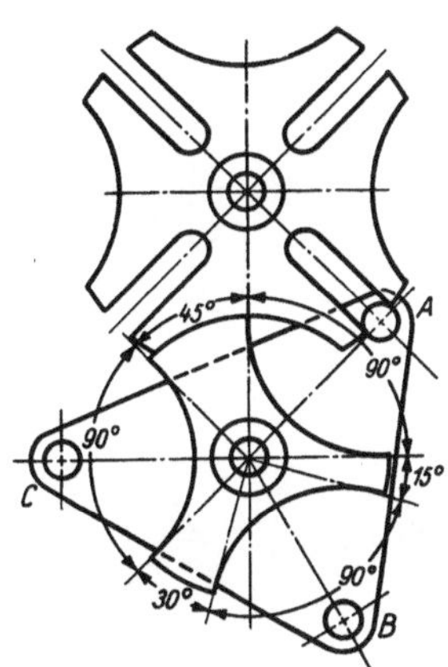

Abb. 9. Malteserkreuzgetriebe mit vier regelmäßig verteilten Schlitzen und drei unregelmäßig verteilten Rollen.

verringert werden und die Geschwindigkeiten und Beschleunigungen der getriebenen Elemente verringern sich dementsprechend.

Wenn die Anzahl der gleichmäßig verteilten treibenden Rollen allgemein m genannt wird, nimmt das Verhältnis ν den m-fachen Wert des normalen Getriebes an. Da dieses Verhältnis den Wert 1 nicht überschreiten kann, muß $m\,\nu = \frac{m(n-2)}{2n} \leqq 1$ sein oder

$$m \leqq \frac{2n}{n-2} = 2 + \frac{4}{n-2} \tag{19}$$

Da m eine ganze Zahl sein muß, ist die nächst kleinere ganze Zahl zu dem sich aus Gl. (19) ergebenden Werte in Tab. 2 (S. 63) als $m_{\max}$ angegeben. Wenn das getriebene Rad sechs oder weniger Schlitze hat, können mindestens zwei Rollen vorgesehen werden.

Wenn zum Beispiel die Anzahl der Stationen 4 ist, gibt Tab. 2 $m_{\max} = 4$ an, was genau dem sich aus Gl. (19) ergebenden Werte entspricht. In diesem Falle (Abb. 8) sind keine Stillstände vorhanden. In dem Augenblicke, in welchem eine Rolle einen Schlitz verläßt, tritt die nächste Rolle in den nächsten Schlitz ein. Das getriebene Rad wird regelmäßig auf die Geschwindigkeit null verzögert, ohne jedoch in Ruhe zu verharren, und Sperrvorrichtungen sind nicht nötig.

Die treibenden Rollen brauchen nicht regelmäßig verteilt zu sein. In dem in Abb. 9 dargestellten Getriebe hat das getriebene Rad vier Schlitze. Jede Schaltbewegung des getriebenen Rades erfordert eine Drehung des treibenden Rades durch 90° (was durch $n = 4$ bestimmt ist) und das getriebene Rad wird jedesmal um 90° weitergeschaltet. Zwischen der Tätigkeit der Rollen A und B liegt ein Stillstand von 15°, zwischen derjenigen der Rolle B und C ein Stillstand von 30° und zwischen der Tätigkeit der Rollen C und A ein Stillstand von 45°. Die Dauer der einzelnen Stillstände kann willkürlich gewählt werden (auch null), vorausgesetzt, daß in dem betrachteten Falle ihre Summe $360 - (3 \times 90) = 90°$ ist; bei n Stationen und m treibenden Rollen muß die Summe $180\left[2 - \frac{m(n-2)}{n}\right]$ betragen. Die Anzahl der unregelmäßig verteilten Rollen kann den durch Gl. (19) für regelmäßig verteilte Rollen berechneten Wert nicht überschreiten.

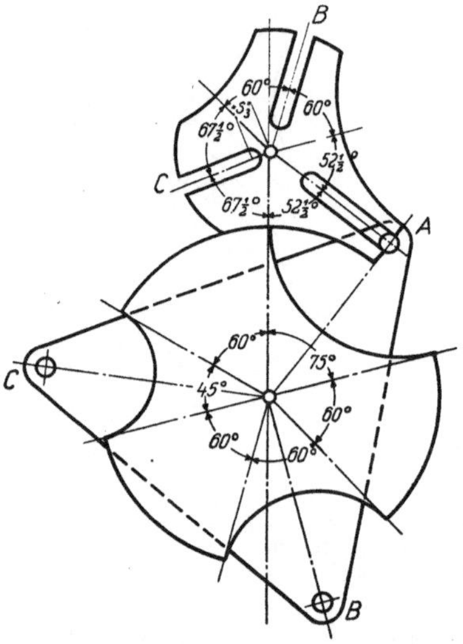

Abb. 10. Malteserkreuzgetriebe mit drei unregelmäßig verteilten Schlitzen und drei unregelmäßig verteilten Rollen.

Die Anwendungsmöglichkeiten der Malteserkreuzgetriebe mit einem normalen getriebenen, jedoch mit einem treibenden Rade mit mehreren unregelmäßig verteilten Rollen sind beschränkt.

Im Falle eines getriebenen Rades mit drei Schlitzen gibt Gl. (19) $m \leqq 6$ gleichmäßig verteilte Rollen an. Der Fall von $m = 1$ bezieht sich auf den Normalfall und ein treibendes Rad mit $m = 6$ Rollen erlaubt keine Unregelmäßigkeiten, da keine Stillstände vorhanden sind. Treibende Räder mit zwei, drei, vier oder fünf unregelmäßig verteilten Rollen sind möglich; es sollte jedoch beachtet werden, daß die kinematischen Verhältnisse der Getriebe mit drei Schlitzen sich als ungünstig erwiesen haben.

Für Getriebe mit vier oder fünf Schlitzen findet man durch analoge Erwägungen die Anzahl von zwei oder drei unregelmäßig verteilten Rollen.

Wenn die Anzahl der Schlitze sechs oder mehr ist, kann das treibende Rad nur zwei unregelmäßig verteilte Rollen haben.

In einer weiteren Abänderung können Malteserkreuzgetriebe für wechselnde Dauer der Bewegung ausgelegt werden, in welchem Falle sich auch die Partialbewegungen des getriebenen Rades voneinander unterscheiden. Die Teilkreishalbmesser des treibenden und des getriebenen Rades ändern sich an ein und demselben Getriebe, wie aus Abb. 10 ersichtlich ist. Die Rolle und der Schlitz A entsprechen $n_A = \frac{180}{\beta_0} = \frac{180}{52\frac{1}{2}} = \frac{24}{7} = 3\frac{3}{7}$ Stationen, Rolle und Schlitz B entsprechen $n_B = \frac{180}{60} = 3$ Stationen und Rolle und Schlitz C entsprechen $n_C = \frac{180}{67\frac{1}{2}} = \frac{8}{3} = 2\frac{2}{3}$ Stationen; n kann somit eine gemischte Zahl und, wie Rolle und Schlitz C zeigen, auch kleiner als 3 sein. Die Winkelgeschwindigkeit und Winkelbeschleunigung in der Nähe der Mittellage sind in letzterem Falle entsprechend groß. Das getriebene Rad des Getriebes laut Abb. 10 macht während einer Umdrehung des treibenden Rades eine Umdrehung in drei Etappen; der Verlauf eines Zyklus ist in Abb. 11 der Anschaulichkeit wegen schematisch dargestellt, da die Linien der Bewegung eigentlich keine Geraden sind.

Abb. 12 zeigt ein unregelmäßiges Malteserkreuzgetriebe mit vier Schlitzen und zwei Rollen. Das getriebene Rad macht während zweier Umdrehungen des treibenden Rades eine Umdrehung in vier Etappen. Obwohl die Schlitze miteinander gleiche Winkel (von 90°) einschließen, sind die Schaltbewegungen abwechselnd $2 \times 37\frac{1}{2} = 75°$ und $2 \times 52\frac{1}{2} = 105°$. Die zugehörigen Winkel des treibenden Rades sind 105° und 75° und sie sind durch Stillstände von 120° und 60° voneinander getrennt.

Die Anwendung von Malteserkreuzgetrieben mit verschiedenen Partialbewegungen ist gleichweise beschränkt.

Wenn das getriebene Rad drei Schlitze hat, kann nur eine, drei, sechs usw. Rollen erwogen werden. Eine Rolle gehört zu dem normalen Getriebe. Bei drei Rollen entspricht der Winkel $2\,\beta_0$ jeder Partialdrehung des getriebenen Rades laut Gl. (2) dem Winkel $2\,\alpha_0 = 180° - 2\beta_0$ des treibenden Rades. Was immer die Beträge der einzelnen Winkel β_0 sind, ist die Summe aller Winkel $2\beta_0$ gleich 360° und die Summe der drei Winkel $2\,\alpha_0$ ist

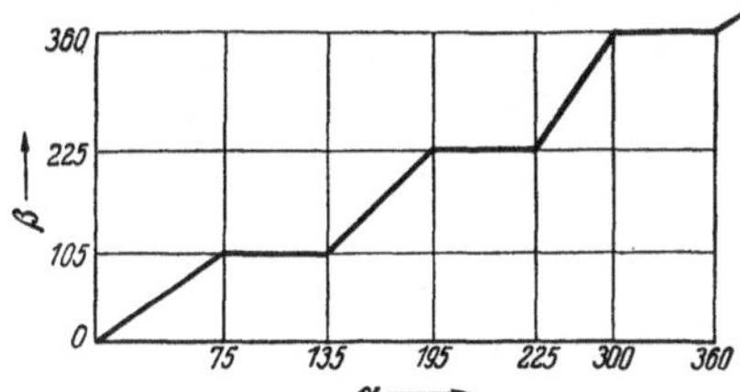

Abb. 11. Bewegungsdiagramm für das in Abb. 10 dargestellte Getriebe.

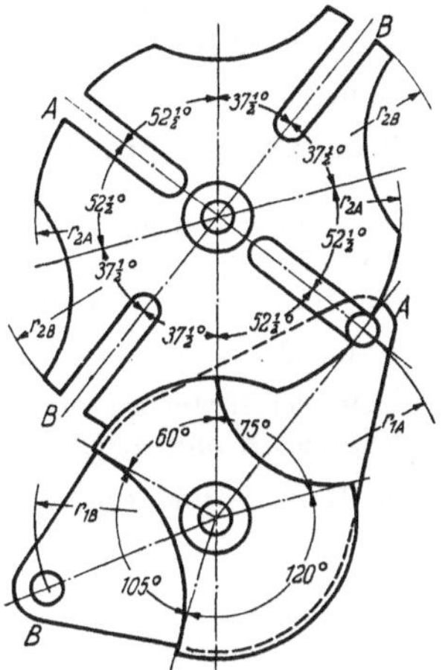

Abb. 12. Unregelmäßiges Malteserkreuzgetriebe mit vier Schlitzen und zwei Rollen.

$(3 \times 180) - 360 = 180°$. Die Stillstände nehmen die restlichen 180° ein und brauchen untereinander nicht gleich zu sein; in Abb. 10 sind alle Stillstände gleich lang. Bei sechs Rollen macht das getriebene Rad zwei Umdrehungen während einer Umdrehung des treibenden Rades. Die Summe der sechs Winkel $2\beta_0$ ist 720°. Die Summe der sechs Winkel $2\,\alpha_0$ ist $(6 \times 180) - 720 = 360°$, so daß nichts für Stillstände übrigbleibt. Bei mehr als sechs Rollen würde die Summe der Winkel $2\,\alpha_0$ größer als 360° werden. Es bleiben somit nur die Fälle von drei oder sechs Rollen.

Im Falle von vier Schlitzen könnte man zwei, vier usw. Rollen erwägen. Eine Umdrehung eines treibenden Rades mit zwei Rollen entspricht einer halben Umdrehung des getriebenen Rades. Die Summe zweier Winkel $2\beta_0$, welche einer Umdrehung des treibenden Rades entsprechen, ist 180°; die Summe der zwei zugehörigen Winkel $2\,\alpha_0$ ist $(2 \times 180) - 180 = 180°$ und die restlichen 180° können in die zwei Stillstände aufgeteilt werden. Wenn man ein treibendes Rad mit vier Rollen erwägt, ist die Summe der vier Winkel $2\beta_0$ gleich 360° und die Summe der vier Winkel $2\,\alpha_0$ ist $(4 \times 180) - 360 = 360°$; ein derartiges Getriebe ist daher nur möglich, wenn keine Stillstände verlangt sind, und mehr als vier Rollen sind nicht möglich.

Bei fünf Schlitzen ist die Summe der fünf Winkel $2\,\alpha_0$ gleich $(5 \times 180) - - 360 = 540°$. Da die Primzahl 5 nicht weniger als fünf Rollen zuläßt, sind derartige unregelmäßige Getriebe nicht möglich. Dasselbe gilt für jede andere ungerade Zahl von Schlitzen, gleichgültig ob sie eine Primzahl ist oder nicht.

Bei sechs Schlitzen ist die Summe von sechs Winkeln $2\alpha_0$ gleich $(6 \times 180) - 360 = 720°$. Wenn keine Stillstände verlangt sind, umfaßt ein Zyklus zwei Umdrehungen eines treibenden Rades mit drei Rollen. Wenn Stillstände verlangt sind, verbleibt nur der Fall mit zwei Rollen. Man findet durch ähnliche Überlegungen, daß für höhere gerade Zahlen von Schlitzen Malteserkreuzgetriebe mit ungleicher Dauer der Partialbewegungen des getriebenen Rades nur zwei Rollen haben können.

Tab. 2 (S. 63) ist für die Konstruktion von Getrieben der in den Abb. 10 u. 12 gezeigten Art nicht ausreichend, wenn sich für n eine gemischte Zahl ergibt. Die betreffenden Abmessungen können graphisch oder rechnerisch ermittelt werden.

Beispiel 3. Ein Getriebe wie in Abb. 12 für die Mittenentfernung $a = 250$ mm ist zu entwerfen.

Die Rolle A und die zwei Schlitze A entsprechen $n_A = \frac{180}{\beta_0} = \frac{180}{57\frac{1}{2}} = \frac{24}{7} = 3\frac{3}{7}$ Stationen, welche in Tab. 2 (S. 63) nicht enthalten sind.

Die Halbmesser des treibenden und des getriebenen Rades sind $r_{1_A} = a \sin\beta_0 = 250 \times \sin 52\frac{1}{2}° = 198{,}34$ mm und $r_{2_A} = a \cos\beta_0 = 250 \cos 52\frac{1}{2}° = 152{,}19$ mm. Der Abstand zwischen der Mitte des getriebenen Rades und dem Mittelpunkte der inneren Begrenzung des Schlitzes A muß kleiner als $s_A = a\,(1 - \sin\beta_0) = 250\,(1 - \sin\ 52\frac{1}{2}) = 51{,}66$ mm sein.

Die Rolle B und die zwei Schlitze B entsprechen in ähnlicher Weise $n_B = \frac{180}{37\frac{1}{2}} = \frac{24}{5} = 4\frac{4}{5}$ Stationen; $r_{1_B} = 250 \sin 37\frac{1}{2}° = 152{,}19$ mm; $r_{2_B} = 250 \cos 37\frac{1}{2}° = 198{,}34$ mm;

$$s_B = 250\,(1 - \sin 37\tfrac{1}{2}°) = 97{,}81 \text{ mm}.$$

Abnormale Malteserkreuzgetriebe gewähren eine gewisse Freiheit in der Konstruktion. Im allgemeinen sollen sich jedoch die Partialbewegungen des getriebenen Rades nicht zu stark voneinander unterscheiden, da sonst die Elemente für die Sperrung ungünstige Formen annehmen oder überhaupt unmöglich werden.

4. Herstellung.

Die Zapfen für die treibenden Rollen können an einem Ende, wie in Abb. 2, oder an beiden Enden, wie in Abb. 3, mit dem treibenden Rade verbunden sein. Die Rollen werden vorzugsweise aus härtbarem Stahl hergestellt.

Um die Reibung zwischen der Sperrtrommel und den Sperrschuhen niedrig zu halten, ist es empfehlenswert, einen Teil aus Stahl und einen Teil aus Gußeisen zu machen; im Falle eines großen getriebenen Rades ist es naheliegend, dieses aus Gußeisen zu machen. Dies wäre zum Beispiel bei einer Rundtischpresse (ähnlich Abb. 2) der Fall, wo die Unterseite des Rundtisches dem Antriebe und die Oberseite der Befestigung der Werkzeuge dient.

Der Winkel, durch welchen die Sperrtrommel unwirksam ist, ist $360° - \gamma$. Die Ausnehmung der Sperrtrommel muß eine Form haben, welche keinen Teil in seiner Bewegung beeinträchtigt.

Die Bearbeitung des getriebenen Rades bereitet keine Schwierigkeiten, da die Umrisse aus Kreisen und geraden Linien bestehen. Aus einem bereits angegebenen Grunde soll das Spiel zwischen den Rollen und den Schlitzen so klein als möglich sein.

III. Innen-Malteserkreuzgetriebe.

Malteserkreuzgetriebe können in einer ähnlichen Weise wie Zahnräder so konstruiert werden, daß sich treibendes und getriebenes Rad in derselben Richtung drehen.

Abb. 13a zeigt ein Innen-Malteserkreuzgetriebe mit fünf Stationen in der Lage, in welcher das getriebene Rad die Bewegung beginnt, und in Abb. 13b in einer allgemeinen Lage während der Periode der Bewegung des getriebenen Rades. Diese Abbildungen mögen für die Erforschung der charakteristischen Eigenschaften innenverzahnter Malteserkreuzgetriebe mit allgemein n Stationen dienen.

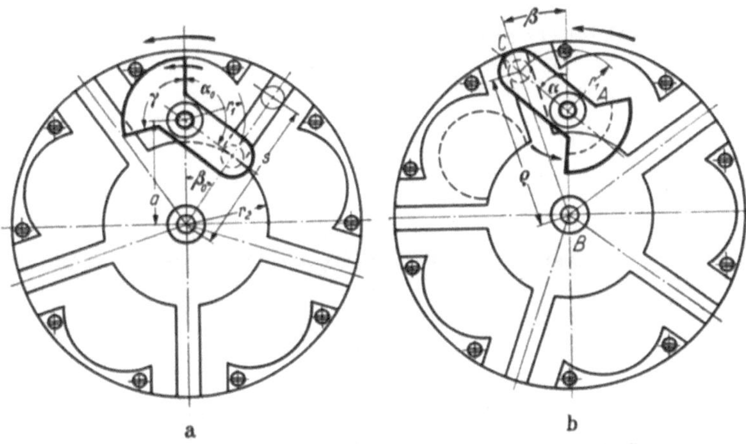

Abb. 13. Innen-Malteserkreuzgetriebe bei a in der Stellung, in welcher die Bewegung des getriebenen Rades beginnt, bei b in einer allgemeinen Lage während der Periode der Bewegung des getriebenen Rades.

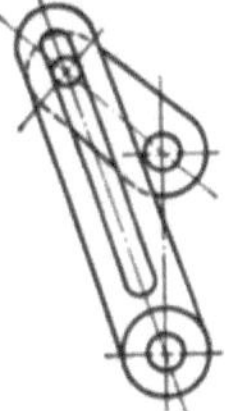

Abb. 14. Schwingende Kurbelschleife mit denselben kinematischen Eigenschaften wie die vereinigten Außen- und Innen-Malteserkreuzgetriebe mit fünf Stationen.

Hier wiederum werden nur Getriebe erwogen werden, bei welchen die treibenden Rollen tangential in die Schlitze eintreten und aus ihnen austreten, so daß die Bewegung stoßfrei beginnt und aufhört.

Man kann die für Außen-Malteserkreuzgetriebe abgeleiteten Gleichungen derart verwenden, daß man n durch $-n$ oder β durch $-\beta$ ersetzt. Einige Werte resultieren in diesem Falle negativ. Obwohl sich das negative Zeichen erklären läßt, kann es leicht verwirren und die Innen-Malteserkreuzgetriebe sollen deshalb gesondert behandelt werden; da jedoch die Gleichungen in ähnlicher Weise wie für die Außengetriebe abgeleitet werden, kann die Behandlung kürzer gefaßt werden.

1. Geometrie.

Der Winkel β_0 des getriebenen Rades in Abb. 13a ist

$$\beta_0 = \frac{\pi}{n} \tag{1a}$$

Der Winkel α_0 des treibenden Rades ist

$$\alpha_0 = \frac{\pi}{2} + \beta_0 = \frac{\pi}{n} \frac{n+2}{2} \tag{2a}$$

Das Übersetzungsverhältnis ist

$$\varepsilon = \frac{\alpha_0}{\beta_0} = \frac{n+2}{2} \tag{3a}$$

Bei einer Mittenentfernung a sind die Halbmesser des treibenden und getriebenen Rades

$$r_1 = a \sin \beta_0 \tag{4a}$$

$$r_2 = a \cos \beta_0 \tag{5a}$$

und ihr Verhältnis

$$\mu = \frac{r_2}{r_1} = \operatorname{ctg} \beta_0 \tag{6a}$$

Für das äußere Ende des Schlitzes gilt

$$s \geqq a + r_1 = a\,(1 + \sin \beta_0) \tag{7a}$$

Die Sperrtrommel erstreckt sich über den Winkel

$$= 2\left(\pi - \frac{\pi}{2} - \frac{\pi}{n}\right) = \frac{\pi}{n}(n-2) \tag{8a}$$

Die auf eine Umdrehung der treibenden Welle bezogene Dauer der Bewegung ist

$$\nu = \frac{2\alpha_0}{2\pi} = \frac{n+2}{2n} \tag{9a}$$

Da auch hier das Einsetzen von 1 oder 2 für n in die obigen Gleichungen zu praktisch wertlosen Resultaten führt, ist die kleinste Anzahl der Stationen 3.

Tab. 3 (S. 63) enthält die analogen Werte für dieselben Anzahlen von Stationen wie Tab. 2 (S. 63). Während bei außenverzahnten Malteserkreuzgetrieben der Anteil ν der Bewegung in einem Zyklus mit zunehmender Zahl der Stationen bis zu 0,5 wächst, ist er bei Innengetrieben größer als 0,5 und nähert sich diesem Werte mit zunehmender Zahl der Stationen. Wegen der verlängerten Dauer der Bewegung können die kinematischen Beziehungen günstiger als bei Außengetrieben erwartet werden.

Da die Bewegung der Innen-Malteserkreuzgetriebe mehr als eine halbe Umdrehung des treibenden Rades einnimmt, kann man nicht mehr als eine treibende Rolle vorsehen, und es gibt keine Abänderung der bei den Außengetrieben beschriebenen Art.

2. Kinematik.

Abb. 13b zeigt ein Innen-Malteserkreuzgetriebe in der Stellung während der Periode der Bewegung, wenn sich das treibende Rad um den Winkel α und das getriebene Rad um den Winkel β hinter der Mittellage befindet.

Der Abstand der Rolle von der Mitte des treibenden Rades ist laut Gl. (4a) gleich $AC = r_1 = a \sin \beta_0$. Der Abstand $BC = \varrho$ der Rolle von der Mitte des getriebenen Rades ist $\varrho = \sqrt{a^2 + r_1^2 + 2ar_1 \cos\alpha} = a\sqrt{1 + \sin^2\beta_0 + 2\sin\beta_0 \cos\alpha}$; $\sin\beta = \frac{r_1}{\varrho} \sin\alpha = \frac{\sin\beta_0 \sin\alpha}{\sqrt{1 + \sin^2\beta_0 + 2\sin\beta_0\cos\alpha}}$.

Man erhält die Beziehung zwischen β und α

$$\beta = \arcsin \frac{\sin\beta_0 \sin\alpha}{\sqrt{1 + \sin^2\beta_0 + 2\sin\beta_0 \cos\alpha}} \tag{10a}$$

Wenn sich das treibende Rad gleichförmig mit der Einheit der Winkelgeschwindigkeit dreht, ist die Winkelgeschwindigkeit des getriebenen Rades

$$\frac{d\beta}{d\alpha} = \frac{\sin\beta_0 (\cos\alpha + \sin\beta_0)}{1 + \sin^2\beta_0 + 2\sin\beta_0 \cos\alpha} \tag{11a}$$

Der Abstand ϱ erreicht ein Maximum in der Mittellage ($\alpha = 0$), aber es ist nicht so offensichtlich wie im Falle der Außen-Malteserkreuzgetriebe, daß auch die Winkelgeschwindigkeit ein Maximum in dieser Stellung erreicht. Dies kann jedoch leicht mittels der zweiten und dritten Differentialquotienten gefunden werden.

Wenn man $\alpha = 0$ in Gl. (11a) einsetzt, erhält man

$$\left(\frac{d\beta}{d\alpha}\right)_0 = \frac{\sin\beta_0}{1 + \sin\beta_0} = \frac{\sin\beta_0}{2\cos^2\left(\frac{\pi}{4} - \frac{\beta_0}{2}\right)} \tag{12a}$$

Auch hier kann der erste Ausdruck leicht aus Abb. 13a abgeleitet werden.

Die Winkelbeschleunigung des getriebenen Rades ist

$$\frac{d^2\beta}{d\alpha^2} = -\frac{\sin\beta_0 \cos^2\beta_0 \sin\alpha}{(1 + \sin^2\beta_0 + 2\sin\beta_0 \cos\alpha)^2} \tag{13a}$$

Man erhält die Winkelbeschleunigung am Anfange der Bewegung durch Einsetzen von $\alpha = -\alpha_0 = -\left(\beta_0 + \frac{\pi}{2}\right)$ in Gl. (13a).

$$\left(\frac{d^2\beta}{d\alpha^2}\right)_{-\alpha_0} = \operatorname{tg}\beta_0 \tag{14a}$$

Der dritte Differentialquotient von β nach α ist

$$\frac{d^3\beta}{d\alpha^3} = -\sin\beta_0 \cos^2\beta_0 \frac{-2\sin\beta_0 \cos^2\alpha + (1 + \sin^2\beta_0)\cos\alpha + 4\sin\beta_0}{(1 + \sin^2\beta_0 + 2\sin\beta_0 \cos\alpha)^3} \tag{15a}$$

Das Maximum der Winkelbeschleunigung tritt auf, wenn $\frac{d^3\beta}{d\alpha^3} = 0$ ist oder wenn $-2\sin\beta_0 \cos^2\alpha + (1 + \sin^2\beta_0)\cos\alpha + 4\sin\beta_0 = 0$. Die Lösung dieser Gleichung ist $\cos\alpha = \frac{1 + \sin^2\beta_0}{4\sin\beta_0} \pm \sqrt{\left(\frac{1 + \sin^2\beta_0}{4\sin\beta_0}\right) + 2}$. Da der Wert unter der Quadratwurzel größer als 1 ist, kann nur das Minuszeichen verwendet werden, so daß

$$\cos\alpha_{\max} = \frac{1 + \sin^2\beta_0}{4\sin\beta_0} - \sqrt{\left(\frac{1 + \sin^2\beta_0}{4\sin\beta_0}\right) + 2}$$

Der Wert von $\cos\alpha_{\max}$ ist der negative Betrag des analogen Wertes eines Außen-Malteserkreuzgetriebes, so daß die Beziehung $\alpha_{\max\,\text{innen}} = 180° - \alpha_{\max\,\text{außen}}$ besteht.

Der Winkel $180° - \alpha_{\max\,\text{außen}}$ ist für jede Anzahl von Stationen größer als der Winkel α_0 und bezieht sich daher nicht auf die Periode der Bewegung. Der größte Wert von $\frac{d^2\beta}{d\alpha^2}$, obwohl kein Maximum im Sinne der Mathematik, tritt daher am Anfange der Bewegung auf und sein Betrag ist durch Gl. (14a) bestimmt.

Der Wert des dritten Differentialquotienten für $\alpha = 0$ ist wiederum ein Maßstab für die Geschwindigkeit des Überganges der Winkelbeschleunigung zu Winkelverzögerung.

$$\left(\frac{d^3\beta}{d\alpha^3}\right)_0 = -\frac{\sin\beta_0\cos^2\beta_0}{(1+\sin\beta_0)^4} = -\frac{\sin\beta_0\cos^2\beta_0}{16\cos^2\left(\frac{\pi}{4}-\frac{\beta_0}{2}\right)} \qquad (18\text{a})$$

Die Werte von $\left(\frac{d^3\beta}{d\alpha^3}\right)_0$ sind viel kleiner als im Falle der Außen-Malteserkreuzgetriebe. Wenn man Gl. (18a) nach β_0 differenziert, das Resultat gleich null setzt und die so erhaltene Gleichung dritten Grades löst, findet man, daß $\left(\frac{d^3\beta}{d\alpha^3}\right)_0$ ein Maximum für $\beta_0 = 15°32{,}536'$ oder für $\frac{180}{15{,}542} = 11{,}581$ Stationen erreicht. Aber selbst im Falle von 12 Stationen, der nächsten ganzen Zahl zu diesem Werte, ist $\left(\frac{d^3\beta}{d\alpha^3}\right)_0$ kleiner als $-0{,}1$ pro sek². Die Bewegung der Innen-Malteserkreuzgetriebe kann daher in der Nähe der Mittellage als für praktische Zwecke gleichförmig betrachtet werden.

Abb. 15 zeigt für ein Innen-Malteserkreuzgetriebe mit fünf Stationen den Verlauf von β, $\frac{d\beta}{d\alpha}$ und $\frac{d^2\beta}{d\alpha^2}$ als Funktionen von α. Die Bewegung ist auf die Periode von $-135°$ bis $+135°$ beschränkt und $\frac{d\beta}{d\alpha}$ und $\frac{d^2\beta}{d\alpha^2}$ sollten für die restlichen 90° gleich null und β sollte eine horizontale Gerade im Anschluß an den Betrag für $\alpha = 135°$ sein. Anstelle dessen sind die drei Kurven in gestrichelten Linien so gezeichnet, als ob Gln. (10a), (11a) u. (13a) auch während des Stillstandes gelten würden. Man kann leicht in diesen Teilen der Kurven die Spiegelbilder der Kurven in Abb. 6 für ein Außen-Malteserkreuzgetriebe mit derselben Anzahl von Stationen erkennen.

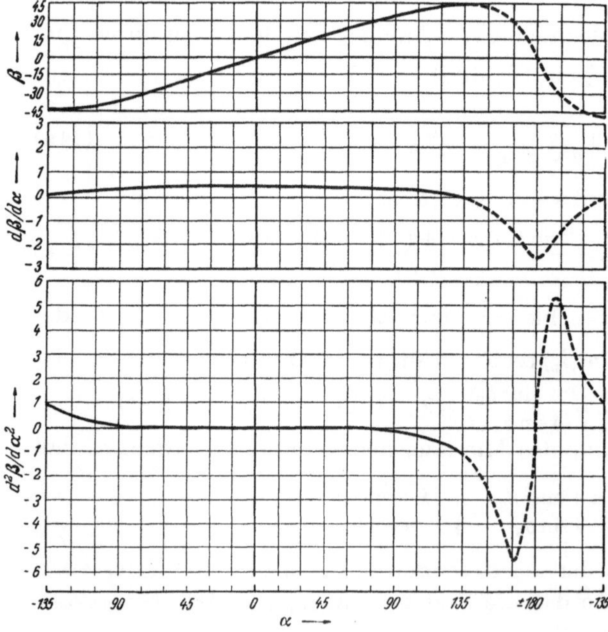

Abb. 15. Bewegungsdiagramme des Innen-Malteserkreuzgetriebes mit vier Stationen.

Der vollständige Bereich der in Abb. 15 dargestellten Kurven bezieht sich auf eine schwingende Kurbelschleife, wie für die schnelle Rückwärtsbewegung von Stoßmaschinen verwendet werden. Abb. 14 zeigt die Kurbelschleife, welche dieselben kinematischen Eigenschaften wie die verbundenen Außen- und Innen-Malteserkreuzgetriebe mit fünf Stationen hat.

Abb. 15 läßt erkennen, daß das Maximum von $\frac{d^2\beta}{d\alpha^2}$ in einer imaginären Stellung des Innen-Malteserkreuzgetriebes auftritt; es zeigt auch, daß sich die Bewegung des getriebenen Rades in der Nähe der Mittellage nur unmerklich von einer gleichförmigen Drehbewegung unterscheidet.

Tab. 3 (S. 63) enthält auch die kinematischen Werte der innenverzahnten Malteserkreuzgetriebe. Die Werte für eine unendliche Anzahl von Stationen sind mit den analogen Werten für Außengetriebe identisch und beziehen sich auf das zahnstangenartige Gebilde von Abb. 5. Da gefunden worden ist, daß sich Außen- und Innen-Malteserkreuzgetriebe in kinematischer Hinsicht ergänzen, wird es nicht überraschen, daß die Werte $\left(\frac{d^2\beta}{d\alpha^2}\right)_{-\alpha_0}$ für dieselbe Anzahl von Stationen in beiden Gruppen einander gleich sind.

Ein Vergleich der Tab. 2 u. 3 offenbart, daß die Innen-Malteserkreuzgetriebe vom Standpunkte der Kinematik günstiger als die Außengetriebe sind. Dasselbe bringt auch Abb. 15 zum Ausdruck. Dieses Merkmal ist darauf zurückzuführen, daß die Bewegung auf Kosten des Stillstandes zu mehr als der Hälfte eines Zyklus vergrößert ist. Infolge der verkürzten Dauer des Stillstandes haben Innen-Malteserkreuzgetriebe ein eingeschränktes Anwendungsgebiet.

Beispiel 4. Ein Getriebe für den Antrieb einer Vorschubwalze ist zu entwerfen; der Vorschub pro Umdrehung der treibenden Welle ist 100 mm; $N = 100$ U/min; zwei Drittel eines Zyklus stehen für den Vorschub zur Verfügung. Da mehr als ein halber Zyklus für den Vorschub zur Verfügung steht, kann ein Innen-Malteserkreuzgetriebe in Betracht gezogen werden und als Zahl der Stationen möge sechs gewählt werden, wofür Tab. 3 (S. 63) das Verhältnis $\nu = \frac{2}{3}$ angibt. Da die Vorschubwalze $\frac{1}{6}$ Umdrehung pro Zyklus macht, findet man ihren Durchmesser aus $\frac{d\pi}{6} = 100$, nämlich $d = \frac{600}{\pi} = 191$ mm. Das Maximum der Winkelgeschwindigkeit für $\omega = 1$ ist 0,333 pro sek; für $N = 100$ U/min ist es (entsprechend Tab. 1 (S. 62) $10{,}472 \times 0{,}333 = 3{,}49$ pro sek und das Maximum der Vorschubgeschwindigkeit ist $\frac{1}{2} \times 191 \times 3{,}49 = 333{,}3$ mm pro sek.

Die größte Winkelbeschleunigung (am Anfang der Bewegung) für $\omega = 1$ ist 0,5774 pro sek (laut Tab. 3). Für $N = 100$ U/min muß sie (laut Tab. 1) mit 109,64 multipliziert werden, so daß man $109{,}64 \times 0{,}5774 = 63{,}31$ pro sek^2 erhält. Die größte lineare Beschleunigung ist $\frac{1}{2} \times 191 \times 63{,}31 = 6045{,}3$ mm pro sek^2.

Die Beisp. 1 u. 4 beziehen sich auf ähnliche Vorschubmechanismen. Trotz der doppelten Drehzahl des treibenden Rades im Beisp. 4 sind alle kinematischen Werte niedriger als im Beisp. 1.

3. Herstellung.

Da die treibende Welle innerhalb des Umrisses des getriebenen Rades liegt, kann sie nicht über das getriebene Rad hinaus verlängert werden, und die treibende Rolle kann nur an einem Ende, ähnlich zu Abb. 2, befestigt werden.

Im Falle der Abb. 13 interferiert die treibende Rolle nicht mit der getriebenen Welle, so daß die getriebene Welle zu beiden Seiten des getriebenen Rades gelagert werden kann. Man kann jedoch vermuten, daß bei einer kleinen Anzahl von Stationen das treibende Rad so groß werden kann, daß man die getriebene Welle nicht auf der Seite vorsehen kann, auf welcher sich das treibende Rad bewegt.

In den Abb. 13a u. b sind die Schlitze des getriebenen Rades nicht in der Entfernung s von der Mitte des getriebenen Rades beendet, sondern bis zum äußeren Umrisse verlängert.

Die Elemente für die Sperrung des getriebenen Rades können in ähnlicher Weise wie bei Außen-Malteserkreuzgetrieben ausgeführt werden, nämlich aus einem Stücke mit den Elementen für die Erteilung der Bewegung; dies ist in Abb. 13b in gestrichelten Linien an der Sperrtrommel des treibenden Rades und an einem der Sperrschuhe des getriebenen Rades angegeben. Trotz des kleinen Halbmessers der Sperrtrommel fallen die inneren Enden der Schlitze in diesem Falle sehr schwach aus. Um diesen Nachteil zu überwinden, können die Elemente für die Bewegung und diejenigen für die Sperrung in verschiedenen Ebenen angeordnet werden, wie es in Abb. 13 in vollen Linien dargestellt ist. Der Halbmesser der Sperrtrommel kann angemessen groß gewählt werden; die Sperrschuhe können ein Stück mit dem getriebenen Rade bilden oder können gesondert bearbeitet und mit dem getriebenen Rade verschraubt werden.

Während die Bearbeitung von Innenzahnrädern oft andere Werkzeugmaschinen als für Außenzahnräder verlangt, können Innen-Malteserkreuzgetriebe auf die gleiche Weise wie Außen-Malteserkreuzgetriebe bearbeitet werden.

IV. Außen-Sternradgetriebe.

Die Anzahl der Stationen der Malteserkreuzgetriebe kann nicht kleiner als 3 oder die Partialbewegung der getriebenen Welle kann nicht größer als $\frac{1}{3}$ Umdrehung sein, wenn man von Sonderfällen ähnlich zu Abb. 10 absieht. Es ist jedoch ein häufiges und naheliegendes Verlangen, einer Welle ganze oder halbe Umdrehungen mit dazwischenliegenden Stillständen zu erteilen. Malteserkreuzgetriebe gewähren nur wenig Freiheit in der Konstruktion, da bei gegebener Anzahl der Stationen und gegebener Achsenentfernung alle Abmessungen und kinematischen Werte, einschließlich der Verteilung von Bewegung und Stillstand festgelegt sind. Ein anderes ungünstiges Merkmal der Malteserkreuzgetriebe ist, daß die Dauer der Bewegung abnimmt, wenn der Schaltwinkel zunimmt, was bei einer kleinen Anzahl von Stationen unvorteilhafte kinematische Verhältnisse mit sich bringt.

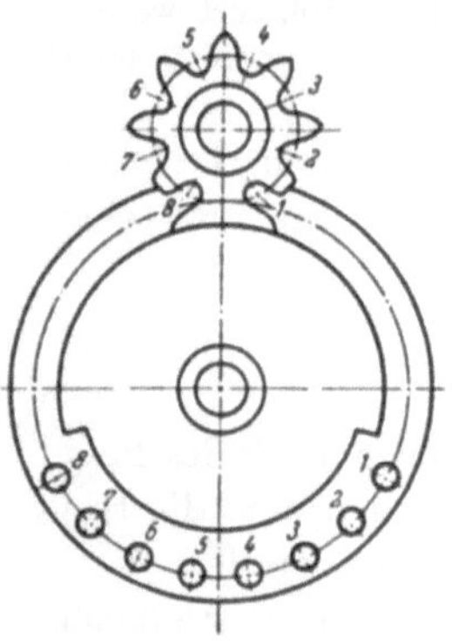

Abb. 16. Sternradgetriebe. $n = 1$; $\mu = 0{,}375$; $\varepsilon = 0{,}4107$.

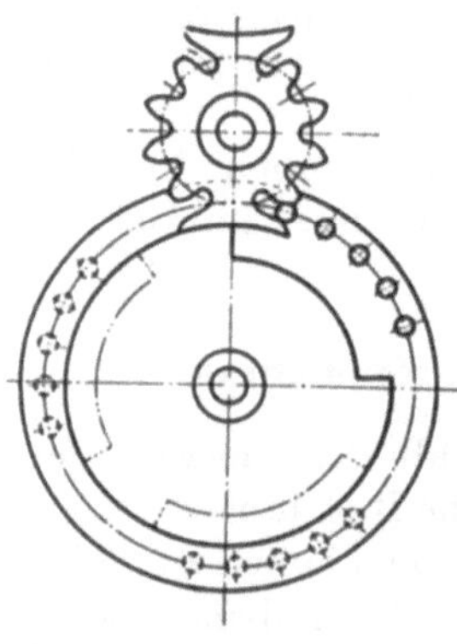

Abb. 17. Sternradgetriebe. $n = 2$; $\mu = 0{,}400$; $\varepsilon = 0{,}4739$.

Die Sternradgetriebe sind ähnlich den Malteserkreuzgetrieben, ohne mit den oben genannten Nachteilen verbunden zu sein. Abb. 16 u. 17 zeigt Sternradgetriebe, für welche die Partialbewegungen des getriebenen Rades ganze, bzw. halbe Umdrehungen sind. Abb. 18 bis 20 zeigen Getriebe für Partialbewegungen von einer Viertelumdrehung. In Abb. 18 nimmt die Bewegung eine Viertelumdrehung des treibenden Rades ein, also denselben Winkel wie im Falle der in den Abb. 2 u. 3 gezeigten Malteserkreuzgetriebe. Abb. 19 u. 20 zeigen, daß die Dauer der Bewegung abgeändert werden kann; in Abb. 19 ist sie zu einer ganzen Umdrehung des treibenden Rades vergrößert, so daß kein Stillstand vorhanden ist; in Abb. 20 ist die Dauer zu weniger als einer siebentel Umdrehung des treibenden Rades verringert.

Das treibende Rad ist in allen Fällen mit wenigstens zwei Rollen ausgestattet. Die erste Rolle dient für die Beschleunigung, die letzte Rolle für die Verzögerung und die dazwischenliegenden Rollen für die Übertragung einer gleichförmigen Bewegung des getriebenen Rades. Eine gleichförmige Bewegung ist auch vorhanden, wenn das treibende Rad wie in Abb. 20 nur zwei Rollen hat.

In dem in Abb. 16 dargestellten Falle beginnt die Bewegung des getriebenen Rades, wenn die Rolle 1 in den Schlitz 1 eintritt. Wenn diese Rolle in die Mittellage gelangt, erreicht das getriebene Rad seine größte Geschwindigkeit und behält

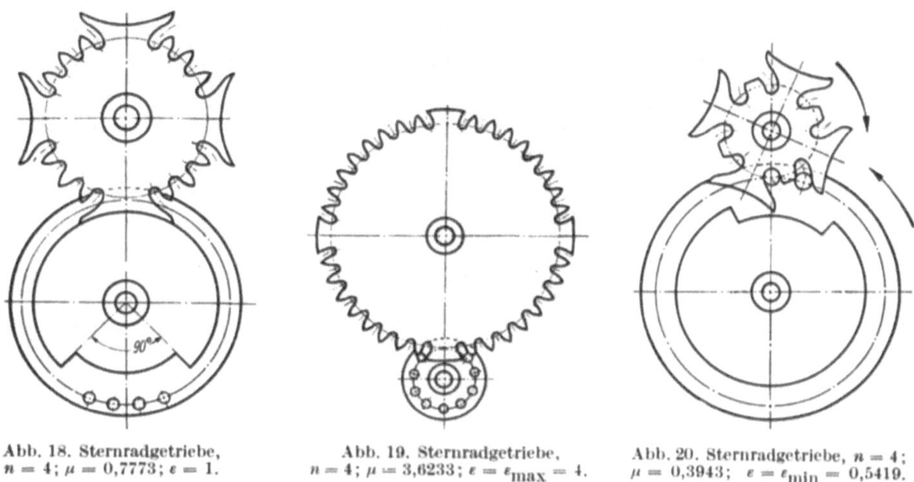

Abb. 18. Sternradgetriebe, $n = 4$; $\mu = 0{,}7773$; $\varepsilon = 1$.

Abb. 19. Sternradgetriebe, $n = 4$; $\mu = 3{,}6233$; $\varepsilon = \varepsilon_{max} = 4$.

Abb. 20. Sternradgetriebe, $n = 4$; $\mu = 0{,}3943$; $\varepsilon = \varepsilon_{min} = 0{,}5419$.

diese infolge der Wirkung der Rollen und Zahnlücken 2 bis 7 bei. Diese Geschwindigkeit wird aufrechterhalten, wenn sich Rolle 8 bis zur Mittellage bewegt. Das getriebene Rad wird verzögert, wenn sich die Rolle 8 in dem Schlitze 8 (dem Spiegelbilde des Schlitzes 1) zurückbewegt, und kommt zu einem Stillstand, wenn Rolle 8 den Schlitz 8 verläßt. Der Stillstand wird in üblicher Weise durch eine Sperrtrommel erzielt, welche mit dem treibenden Rade verbunden ist und mit der Ausnehmung (in anderen Fällen mit mehreren Ausnehmungen) im getriebenen Rade zusammenarbeitet.

Triebstockverzahnung wird heutzutage selten für die Übertragung gleichförmiger Drehbewegung angewendet, und es wird gezeigt werden, daß diese Teile der Getriebe durch übliche Zahnräder ersetzt werden können; trotzdem sind Triebstockverzahnungen in den Abbildungen gewählt, da sie die Wirkungsweise der Getriebe besonders klar erkennen lassen.

Abb. 31 zeigt ein Sternradgetriebe, bei welchen die Elemente für die Beschleunigung und Verzögerung mit Teilen von Evolventenzahnrädern verbunden sind. Diese Ausführung soll nicht mit einer Form von aussetzenden Rädern verwechselt werden, welche aus Zahnrädern besteht, bei welchen einige Zähne entfernt worden sind. Solche Zahnräder sind in Wirklichkeit verstümmelt; um zu erzielen, daß das treibende Rad in den Bereich des noch stillstehenden getriebenen Rades eintritt, bzw. aus dem Bereiche des getriebenen Rades austritt, wenn diese bereits zur Ruhe gekommen ist, wird die Kopfhöhe des ersten und letzten Zahnes verringert. Andererseits sollte jedoch der erste Zahn stärker als die anderen sein, da die Bewegung des getriebenen Rades bei solchen Getrieben plötzlich beginnt. Um den Stoß am Anfange der Bewegung aufzufangen, werden meist Vorsprünge zweifelhafter Formen auf beiden Rädern angebracht; diese sind als Hilfsverzahnungen gedacht, verbessern jedoch die kinematischen Verhältnisse nicht und beheben nicht die Geräusche beim Zusammenstoßen. Diese etwas rohe Form von aussetzend arbeitenden Rädern wird für die Übertragung zwischen parallelen Wellen nicht besprochen werden, da es dafür eine vollkommenere Lösung gibt; es wird jedoch bei der Besprechung aussetzend arbeitender Kegelräder auf diese Form zurückgegriffen werden.

Wenn die Elemente für die Übertragung der gleichförmigen Bewegung von denjenigen für die Übertragung der ungleichförmigen Bewegung getrennt sind, wie in Abb. 31 gezeigt ist, kann dem getriebenen Rade mehr als eine Umdrehung während einer Umdrehung des treibenden Rades erteilt werden. Da jedoch in einem solchen Falle das treibende Rad sehr groß wird und da eine Vervielfältigung der Bewegung des getriebenen Rades mit einfacheren anderen Mitteln erzielt werden kann, werden solche Fälle hier nicht erwogen werden.

1. Geometrie.

Ein Sternradgetriebe ist in Abb. 21a in der Stellung gezeigt, in welcher die Bewegung des getriebenen Rades beginnt. Die Gestalt des der Beschleunigung dienenden Schlitzes wird durch die Forderung bestimmt, daß die Rolle in dem Schlitze zurückwandern muß, wenn sich späterhin beide Räder mit gleichförmiger

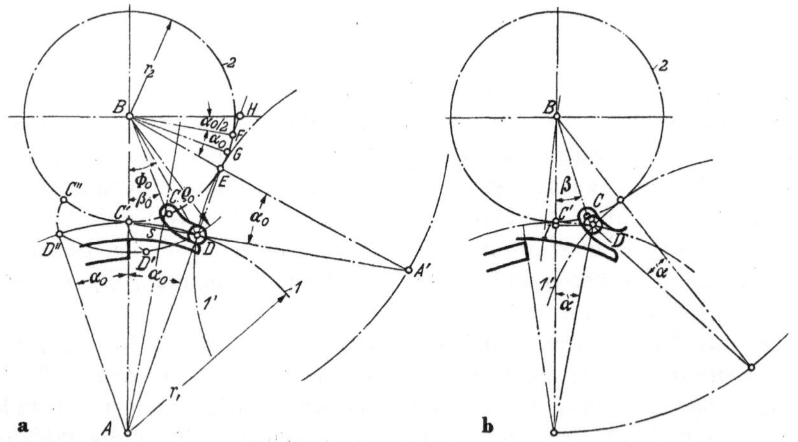

Abb. 21. Sternradgetriebe bei a in der Stellung, in welcher die Bewegung des getriebenen Rades beginnt, bei b in einer allgemeinen Lage während der Periode der ungleichförmigen Bewegung des getriebenen Rades.

Winkelgeschwindigkeit drehen. Die Mittellinie des Schlitzes muß deshalb ein Teil einer Epizykloide sein, welche ein Punkt auf dem Umfange des Teilkreises 1 des treibenden Rades beschreibt, wenn sich dieser ohne zu gleiten auf der Außenseite des Teilkreises 2 des getriebenen Rades abwälzt. Wenn der Anfang und das Ende der Bewegung stoßfrei sein sollen, muß die Epizykloide und der Teilkreis 1 eine gemeinsame Tangente im Punkte D haben.

Man möge sich vorstellen, daß der Teilkreis des treibenden Rades den Teilkreis des getriebenen Rades im Punkte C berührt und sich dann so lange abwälzt, bis er in die Stellung $1'$ gelangt, in welcher E der Berührungspunkt und D der Punkt auf der entstehenden Epizykloide ist; der Mittelpunkt des sich abwälzenden Kreises ist dann in A'.

Da die Dreiecke ABD und $A'BD$ kongruent sind (gleiche Seiten), sind die Winkel $DA'B$ und DAB gleich, und zwar der Winkel α_0, durch welchen sich die treibende Rolle von der Anfangslage bis zur Mittellage drehen muß. Wenn die Linie AE bis zum weiteren Schnitte F mit dem Kreise 2 verlängert wird, ist das resultierende gleichschenkelige Dreieck EBF ähnlich dem Dreiecke $EA'D$, so daß der Winkel EBF gleichfalls α_0 ist. Ein weiteres diesen gleichschenkeligen Dreiecken ähnliches Dreieck ist BAF, in welchem zwei Seiten gleich der Summe der Halbmesser der zwei Räder $(r_1 + r_2)$ und die dritte Seite gleich dem Halbmesser r_2 des getriebenen Rades sind. Es folgt daraus, daß $\sin \frac{\alpha_0}{2} = \frac{r_2}{2(r_2 + r_1)}$ oder, wenn $\mu = \frac{r_2}{r_1}$ eingesetzt wird,

$$\sin \frac{\alpha_0}{2} = \frac{\mu}{2(1+\mu)} \tag{20}$$

$$\alpha_0 = 2 \arcsin \frac{\mu}{2(1+\mu)} \tag{21}$$

Die Gerade BG, welche den Winkel EBF halbiert, steht senkrecht auf der Geraden $AEFH$ und die Gerade BH ist senkrecht zu AB. Der Winkel GBH ist daher α_0 und der Winkel FBH ist $\frac{\alpha_0}{2}$. Da der Winkel EBH gleich $\alpha_0 + \frac{\alpha_0}{2} = \frac{3}{2}\alpha_0$ ist, ist der Winkel $C'BE$ gleich $\frac{\pi}{2} - \frac{3}{2}\alpha_0$ und der Winkel φ_0, welcher das äußere Ende des Schlitzes bestimmt, ist

$$\varphi_0 = \frac{\pi}{4} - \frac{3\alpha_0}{4} = \frac{\pi}{4} - \frac{3}{2} \arcsin \frac{\mu}{2(1+\mu)} \tag{22}$$

Die Bogen CE und DE sind einander gleich und der Bogen DE ist offensichtlich $r_1\alpha_0$. Der Winkel CBE ist daher $\frac{r_1\alpha_0}{r_2} = \frac{\alpha_0}{\mu}$ und der Winkel β_0, welcher das innere Ende des Schlitzes bestimmt, ist gemäß Abb. 21a

$$\beta_0 = \frac{\pi}{2} - \frac{\alpha_0}{\mu} - \frac{3\alpha_0}{2} = \frac{\pi}{2} - \frac{\alpha_0}{2}\left(\frac{2+3\mu}{\mu}\right) = \frac{\pi}{2} - \left(\frac{2+3\mu}{\mu}\right) \arcsin \frac{\mu}{2(1+\mu)} \tag{23}$$

Wenn der Achsenabstand des treibenden und des getriebenen Rades $a = r_1 + r_2$ ist, sind die Halbmesser der zwei Räder

$$r_1 = \frac{a}{1+\mu} \tag{24}$$

$$r_2 = \frac{a\mu}{1+\mu} \tag{25}$$

Der Abstand $s = DC'$ ist

$$s = 2r_1 \sin \frac{\alpha_0}{2} = \frac{r_1 r_2}{r_1 + r_2} = \frac{a\mu}{(1+\mu)^2} \tag{26}$$

Der Punkt D kann auch graphisch in folgender Weise gefunden werden: Ein Kreis mit dem Mittelpunkt in A und dem Halbmesser AB wird gezogen; sein Schnittpunkt F mit dem Teilkreis des getriebenen Rades wird mit dem Punkte A durch eine Gerade verbunden; diese Gerade schneidet den Teilkreis des treibenden Rades in dem gesuchten Punkte D, da es leicht nachgewiesen werden kann, daß der Abstand $C'D$ gleich dem durch Gl. (26) bestimmten Werte ist.

Der Abstand $\varrho_0 = BD$ kann aus dem Dreiecke $C'BD$, in welchem der Winkel $BC'D = \frac{\pi}{2} + \frac{\alpha_0}{2}$ und der Winkel $C'BD = \varphi_0 = \frac{\pi}{4} - \frac{3}{4}\alpha_0$ ist, ermittelt werden. Der dritte Winkel $C'DB = \pi - \left(\frac{\pi}{2} + \frac{\alpha_0}{2}\right) - \left(\frac{\pi}{4} - \frac{3}{4}\alpha_0\right) = \frac{\pi}{4} + \frac{\alpha_0}{4}$. Wenn man den Sinussatz anwendet, erhält man $\frac{\varrho_0}{r_2} = \frac{\sin\left(\frac{\pi}{2} + \frac{\alpha_0}{2}\right)}{\sin\left(\frac{\pi}{4} + \frac{\alpha_0}{4}\right)} = 2\cos\left(\frac{\pi}{4} + \frac{\alpha_0}{4}\right)$ und es folgt, daß $\varrho_0 = 2r_2\cos\left(\frac{\pi}{4} + \frac{\alpha_0}{4}\right)$ ist oder daß

$$\varrho_0 = 2a\frac{\mu}{1+\mu}\cos\left(\frac{\pi}{4} + \frac{\alpha_0}{4}\right) \tag{27}$$

Wenn das getriebene Rad n gleichmäßig verteilte Sperrschuhe hat, ist der Winkel einer Schaltbewegung $\frac{2\pi}{n}$. Während des Winkels α_0 des treibenden Rades wird das getriebene Rad beschleunigt und dreht sich um den Winkel β_0. Während eines anderen Winkels α_0 des treibenden Rades wird das getriebene Rad späterhin verzögert und dreht sich gleichweise um den Winkel β_0. Die Differenz $\frac{2\pi}{n} - 2\beta_0$ ist der Winkel, um welchen sich das getriebene Rad mit gleichbleibender Winkelgeschwindigkeit dreht, und das treibende Rad dreht sich in dieser Periode um den Winkel $\mu\left(\frac{2\pi}{n} - 2\beta_0\right)$.

Eine Partialbewegung des getriebenen Rades erfordert daher den Winkel $2\alpha_0 + \mu\left(\frac{2\pi}{n} - 2\beta_0\right)$ des treibenden Rades und das Übersetzungsverhältnis ist $\varepsilon = \frac{2\alpha_0 + \mu\left(\frac{2\pi}{n} - 2\beta_0\right)}{\frac{2\pi}{n}}$ oder unter Benutzung der Gln. (31) u. (23)

$$\varepsilon = \mu + n\frac{4+3\mu}{\pi}\arcsin\frac{\mu}{2(1+\mu)} - \frac{n\mu}{2} \tag{28}$$

In dem häufigen Sonderfalle von $n = 1$ ist

$$\varepsilon_1 = \frac{\mu}{2} + \frac{4+3\mu}{\pi}\arcsin\frac{\mu}{2(1+\mu)} \tag{29}$$

Ähnlich wie bei den Malteserkreuzgetrieben sind auch hier ε und μ nicht identisch; ε ist stets größer als μ. ε oder μ können in gewissen Grenzen willkürlich gewählt werden.

Die obere Grenze von ε wird erreicht, wenn die Dauer der gleichförmigen Bewegung derart vergrößert wird, daß der Stillstand zu null verringert wird, so daß $2\alpha_0 + \mu\left(\frac{2\pi}{n} - 2\beta_0\right) = 2\pi$ wird. In diesem Falle ist $\varepsilon = \frac{2\pi}{\frac{2\pi}{n}} = n$ und es folgt

$$\varepsilon_{\max} = n \tag{30}$$

Der Wert von μ, welcher zu dem Maximum von ε gehört, wird erhalten, wenn man Gln. (28) u. (30) miteinander verbindet; man erhält

$$\mu_{\max} + n\,\frac{4 + 3\mu_{\max}}{\pi} \arcsin \frac{\mu_{\max}}{2(1+\mu_{\max})} - \frac{n\,\mu_{\max}}{2} = n$$

oder

$$\frac{4 + 3\mu_{\max}}{\pi\,\mu_{\max}} \arcsin \frac{\mu_{\max}}{2(1+\mu_{\max})} - \frac{1}{\mu_{\max}} = \frac{n-2}{2n} \tag{31}$$

Die untere Grenze von ε gehört zu dem kleinstmöglichen Winkel, um welchen sich das getriebene Rad mit gleichbleibender Winkelgeschwindigkeit drehen kann. Diese Periode kann nicht ganz ausgeschaltet werden. In Abb. 21a ist CD die Stellung des Schlitzes am Anfange der Bewegung und $C'D'$ ist die Stellung des Schlitzes, wenn das getriebene Rad die volle Winkelgeschwindigkeit erreicht. Diese Winkelgeschwindigkeit muß wenigstens solange aufrecht erhalten werden, bis die beschleunigende Rolle den Schlitz bei D'' verläßt, also wenn der Schlitz die Stellung $C''D''$ einnimmt.

Das treibende Rad dreht sich zwischen den Stellungen der treibenden Rolle in D und D'' um den Winkel $2\alpha_0$ und die Verzögerung verlangt eine weitere Periode von α_0; die Bedingung für das Minimum von ε ist sonach

$$\varepsilon_{\min} = \frac{3\alpha_{0\min}}{\frac{2\pi}{n}} = \frac{3n}{\pi}\,\frac{\alpha_{0\min}}{2} = \frac{3n}{\pi} \arcsin \frac{\mu_{\min}}{2(1+\mu_{\min})} \tag{32}$$

Durch die Verbindung der Gln. (28) u. (32) erhält man als Bedingung für das Minimum von μ

$$\mu_{\min} + n\,\frac{4 + 3\mu_{\min}}{\pi} \arcsin \frac{\mu_{\min}}{2(1+\mu_{\min})} - \frac{n\,\mu_{\min}}{2} = \frac{3n}{n} \arcsin \frac{\mu_{\min}}{2(1+\mu_{\min})}$$

oder

$$\frac{1 + 3\mu_{\min}}{\mu_{\min}} \arcsin \frac{\mu_{\min}}{2(1+\mu_{\min})} = \frac{\pi}{2}\,\frac{n-2}{n} \tag{33}$$

Wenn man Gl. (32) u. (33) miteinander verbindet, erhält man

$$\varepsilon_{\min} = \frac{3(n-2)\,\mu_{\min}}{2(1+3\mu_{\min})} \tag{34}$$

Diese Beziehung zwischen $\varepsilon_{\min}$ und $\mu_{\min}$ ist bequemer als die durch Gl. (32) ausgedrückte Beziehung, da sie keine Bögen enthält.

Die Bedingung für die Werte von μ oberhalb des Minimums ist in analoger Weise $\frac{1+3\mu}{\mu} \arcsin \frac{\mu}{2(1+\mu)} > \frac{\pi}{2}\,\frac{n-2}{n}$.

Für $\mu = 0$ erscheint die obige Ungleichung in der Form $\frac{1}{2} > \frac{\pi}{2} \frac{n-2}{n}$ oder $n < \frac{2\pi}{\pi - 1} = 2{,}93$. Dies gibt an, daß μ für $n = 1$ oder 2 beliebig klein und selbst null sein kann. Sternradgetriebe mit $\mu = 0$ sind in den Abb. 22 u. 23 gezeigt.

Wenn man für eine gegebene Anzahl von Stationen die extremen Werte von μ finden will, müssen die transzendenten Gln. (31) und (33) gelöst werden; Tab. 4 (S. 64) enthält jedoch diese Werte für die gebräuchlichen Anzahlen von Stationen. Tab. 4 gibt zum Beispiel für vier Stationen das Maximum von $\varepsilon = 4$ mit dem entsprechenden Werte $\mu = 3{,}6233$ (Abb. 19) an. Das Minimum von ε ist für diesen Fall 0,5419 mit dem zugehörigen Werte $\mu = 0{,}3943$ (Abb. 20).

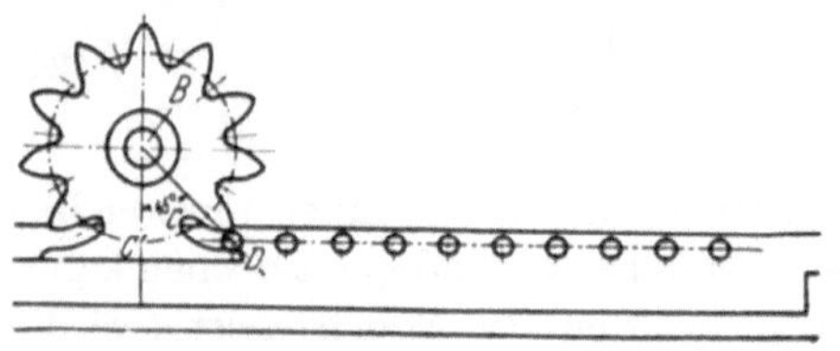

Abb. 22. Sternradgetriebe, $n = 1$; $\mu = 0$; $\varepsilon = 0$.

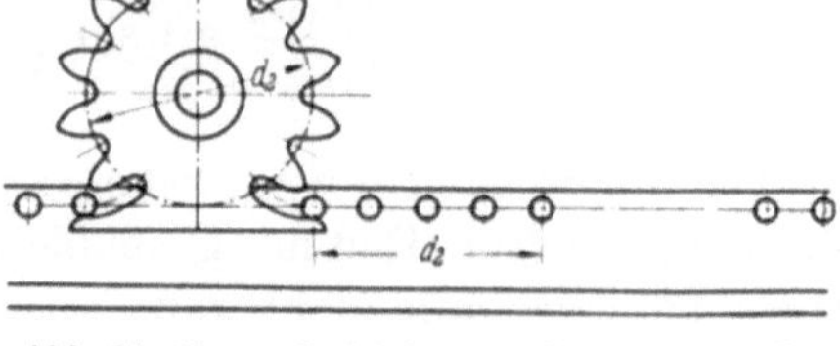

Abb. 23. Sternradgetriebe, $n = 2$; $\mu = 0$; $\varepsilon = 0$.

Die Werte von μ und ε wachsen mit steigender Anzahl der Stationen; die Abb. 24 u. 25 zeigen Getriebe, für welche n, μ und ε unendlich sind. Während die zahnstangenartigen Gebilde in den Abb. 22 u. 23 die treibenden Elemente sind, sind diejenigen der Abb. 24 u. 25 die getriebenen Elemente.

Während die Erforschung der geometrischen und kinematischen Beziehungen am besten von dem Verhältnisse der Teilkreishalbmesser (μ) ausgeht, ist es natürlicher, die Bewegung aussetzend sich drehender Wellen durch das Verhältnis der

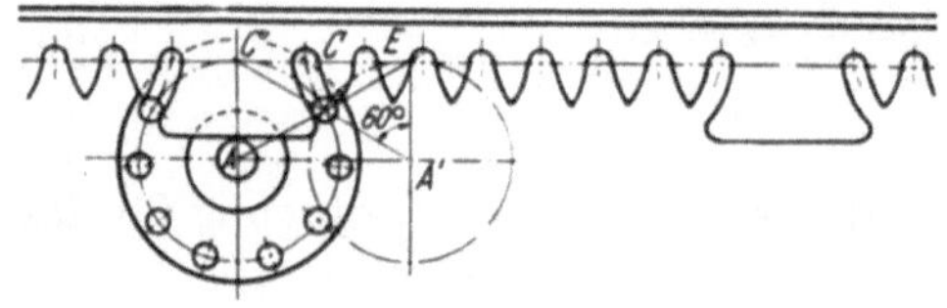

Abb. 24. Sternradgetriebe, $n = \infty$; $\mu = \infty$; $\varepsilon = \varepsilon_{max}$.

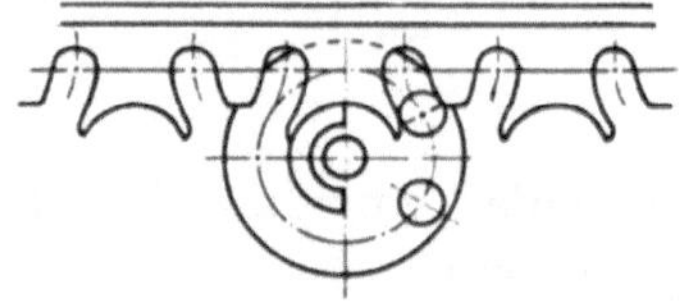

Abb. 25. Sternradgetriebe, $n = \infty$; $\mu = \infty$; $\varepsilon = \varepsilon_{min}$.

Winkel des treibenden und des getriebenen Rades (ε) zu bestimmen. In diesem Falle muß μ mittels der Gl. (28)bestimmt werden, aber auch hier erspart Tab. 5 (S. 64) die Lösung transzendenter Gleichungen, da sie die Werte von ε enthält, welchen man in Praxis wahrscheinlich begegnen wird.

Die Beziehung zwischen ε und μ, welche durch Gl. (28) ausgedrückt wird, verleiht ε einen unrunden Wert, wenn ein runder Wert für μ gewählt wird, und umgekehrt. Runde Werte von μ sind vorteilhaft, da sie die Konstruktion der Elemente für die Erteilung der gleichförmigen Bewegung vereinfachen. Eine kleine Abweichung von einem vorgeschriebenen Werte von ε ist in den meisten Fällen möglich, und es ist ratsam, einen runden oder wenigstens einen rationalen Wert von μ zu bestimmen, welcher nahe dem theoretischen Werte ist.

Beispiel 5. Ein aussetzendes Getriebe für die Erteilung einer vollen Umdrehung der getriebenen Welle während einer drittel Umdrehung der treibenden Welle ist zu entwerfen. Das Verhältnis $\varepsilon = \frac{1}{3}$ und $n = 1$. Tab. 5 (S. 64) gibt dafür $\mu = 0{,}3027$ an. Man findet mittels eines Rechenschiebers oder einer Tabelle von Dezimaläquivalenten gemeiner Brüche, daß das Verhältnis $\frac{23}{76} = 0{,}30263$ den Anforderungen genügend genau entspricht.

Die Dauer der Bewegung, als ein Bruchteil einer Umdrehung des treibenden Rades ausgedrückt, ist $\nu = \frac{2\alpha_0 + \mu\left(\frac{2\pi}{n} - 2\beta_0\right)}{2\pi}$ und wegen der Beziehung $\frac{2\alpha_0 + \mu\left(\frac{2\pi}{n} - 2\beta_0\right)}{\frac{2\pi}{n}} = \varepsilon$ erhält man

$$\nu = \frac{\varepsilon}{n} \tag{35}$$

Im Falle von $n = 1$ ist

$$\nu_1 = \varepsilon_1 \tag{36}$$

Die extremen Werte von ν sind

$$\nu_{\max} = \frac{\varepsilon_{\max}}{n} \tag{37}$$

$$\nu_{\min} = \frac{\varepsilon_{\min}}{n} \tag{38}$$

Es ist gefunden worden, daß die Bewegung des getriebenen Rades dem Winkel $2\alpha_0 + \mu\left(\frac{2\pi}{n} - 2\beta_0\right)$ des treibenden Rades entspricht. Das getriebene Rad muß während des restlichen Teiles einer Umdrehung gesperrt sein, das ist während eines Winkels

$$\gamma = 2\pi - \left[2\alpha_0 + \mu\left(\frac{2\pi}{n} - 2\beta_0\right)\right] = 2\left[\pi\left(1 - \frac{\mu}{n}\right) - \alpha_0 + \mu\beta_0\right] \tag{39}$$

Im Falle von $n = 1$ ist

$$\gamma_1 = 2\left[\pi(1 - \mu) - \alpha_0 + \mu\beta_0\right] \tag{40}$$

Die Winkel γ und γ_1 sind auch die Winkel, über welchen sich die Sperrtrommel erstreckt. Wie im Falle der Malteserkreuzgetriebe kann der Halbmesser der Sperrtrommel willkürlich gewählt werden.

Wenn μ wie im Beisp. 5 bestimmt worden ist und die Achsenentfernung festgelegt worden ist, können die für die Konstruktion benötigten Werte α_0, β_0, φ_0, r_1, r_2, s und ϱ_0 entweder mittels der betreffenden Gleichungen berechnet oder der Tab. 8 (S. 66) entnommen werden, welche die Werte in so kleinen Abstufungen von μ enthält, daß dazwischen liegende Werte genügend genau durch lineare Interpolation erhalten werden können. Alle diese Konstruktionsdaten sind von der Anzahl n der Stationen unabhängig.

Das Übersetzungsverhältnis ε, das Verhältnis ν von Bewegung in einem Zyklus und der von der Sperrtrommel eingeschlossene Winkel γ hängen von der Anzahl der Stationen ab und können mittels der Gln. (28), (35) u. (39) berechnet werden. Tab. 8 gibt die kleinstmögliche Anzahl der Stationen und die zu dieser Zahl gehörigen Werte von ε, ν und γ an.

Beispiel 6. Ein Sternradgetriebe ist zu entwerfen, welches während einer Viertelumdrehung des treibenden Rades dem getriebenen Rade eine Viertelumdrehung erteilt. Ein Getriebe dieser Art ist im Bilde 18 dargestellt. Die Achsenentfernung ist $a = 200$ mm. Tab. 5 (S. 64) gibt für $\varepsilon = 1$ und $n = 4$ den Wert $\mu = 0{,}7773$ an; $\mu = \frac{7}{9} = 0{,}7778$ ist ein einwandfreier Ersatz dafür.

Laut Gl. (20) ist $\sin\frac{\alpha_0}{2} = \frac{\frac{7}{9}}{\frac{1}{2}\cdot\frac{16}{9}} = \frac{7}{32} = 0{,}21875;$

$$\frac{\alpha_0}{2} = 12^\circ\,38' = 12{,}633^\circ;\quad \alpha_0 = 25^\circ\,16'.$$

Laut Gl. (22) ist $\varphi_0 = 45^\circ - \frac{3}{4}\alpha_0 = 45^\circ - 18^\circ\,57' = 26^\circ\,3'.$

Laut Gl. (23) ist $\beta_0 = 90^\circ - \frac{39}{7}\cdot 12{,}633^\circ = 90^\circ - 70{,}386^\circ = 19{,}614^\circ = 19^\circ\,37'.$

Laut Gl. (24) ist $r_1 = \frac{200}{1+\frac{7}{9}} = \frac{225}{2} = 112{,}5\,\text{mm}.$

Laut Gl. (25) ist $r_2 = \frac{200\cdot\frac{7}{9}}{1+\frac{7}{9}} = \frac{175}{2} = 87{,}5\,\text{mm}.$

Laut Gl. (26) ist $s = \frac{200\cdot\frac{7}{9}}{\left(1+\frac{7}{9}\right)^2} = \frac{1575}{32} = 49{,}22\,\text{mm}.$

Laut Gl. (27) ist $\varrho_0 = 2\cdot 200\cdot\frac{7}{16}\cos 51^\circ\,19' = 109{,}38\,\text{mm}.$

Alle diese Werte können auch aus Tab. 8 interpoliert werden.

Laut Gl. (28) ist $\varepsilon = \frac{7}{9} + 4\left[4 + \left(3\cdot\frac{7}{9}\right)\right]\frac{12{,}633}{180} - \left(\frac{4}{2}\cdot\frac{7}{9}\right) = 1{,}002$. Der Unterschied zwischen dem errechneten Werte von ε und der Annahme von $\varepsilon = 1$ ist auf die Abänderung von μ zurückzuführen und bedeutet, daß die Bewegung 90°1′ statt 90° des getriebenen Rades einnimmt.

Laut Gl. (35) ist $\nu = \frac{1}{4}$, wenn die unbedeutende Ungenauigkeit von ε unbeachtet bleibt.

Laut Gl. (39) ist

$$\gamma = 2\left[180\left(1 - \frac{7}{9\cdot 4}\right) - (2\cdot 12{,}633) + \frac{7\cdot 19{,}614}{9}\right]^0 = 2(180 - 35 - 15{,}267 + 15{,}255)^\circ = 269^\circ 59',$$

was sich von dem beabsichtigten Werte 270° um den gleichen kleinen Betrag wie der oben berechnete Winkel der Bewegung unterscheidet.

Die maßgebenden Abmessungen für die Fälle $\mu = 0$ und $\mu = \infty$ sind nicht vollständig in Tab. 8 (S. 66) enthalten.

Für $\mu = 0$ ist die Mittellinie der Schlitze ein Teil einer Evolvente. Der Winkel α_0 ($C'AD$ in Abb. 21a) ist null. Der Abstand $C'D$ in Abb. 22 kann trotzdem leicht bestimmt werden. Da der Winkel $C'BD = 45^\circ$ ist, ist $C'D$ gleich dem Halbmesser r_2 des getriebenen Rades. Dasselbe Resultat kann man auch durch die graphische Ermittlung von $s = C'D$ erhalten. Leser, welchen der Winkel β_0 für $\mu = 0$ unerwartet erscheint, mögen berücksichtigen, daß Gl. (23) in der Form $\beta_0 = \frac{\pi}{2} - \frac{\alpha_0}{2} - \frac{\frac{\alpha_0}{2}}{\sin\frac{\alpha_0}{2}}$ geschrieben werden kann, was für $\alpha_0 = 0$ den Wert $\left(\frac{\pi}{2} - 1\right)$ in Bogenmaße oder den Winkel $90° - \frac{180°}{\pi} = 90° - 57°18' = 32°42'$ ergibt.

Der Winkel γ der Sperrtrommel ist für $\mu = 0$ gleich null. Die Sperrtrommel ist flach und ihre Länge (oder die Dauer der Sperrung) kann den Anforderungen entsprechend gewählt werden. Es ist daher auch möglich, die Sperrung ganz wegzulassen und die beschleunigende Rolle in dem Augenblicke wirken zu lassen, in welchem die verzögernde Rolle ihren Schlitz verläßt. Ein solcher Fall ist in Abb. 23 gezeigt. Der Entwurf und die Bearbeitung eines derartigen Getriebes ($\mu = 0$; $n = 2$) ist durch den Umstand vereinfacht, daß die Entfernung zwischen den Mitten der ersten und letzten Rolle jeder Gruppe gleich dem Teilkreisdurchmesser des getriebenen Rades ist.

Es ist gefunden worden, daß μ den Wert null nur annehmen kann, wenn n gleich 1 oder 2 ist. Die Abb. 22 u. 23 sind daher die einzigen Verkörperungen, wenn von Änderungen der Dauer der Sperrung abgesehen wird.

Für $\mu = \infty$ ist die Mittellinie des Schlitzes ein Teil einer Zykloide. Der Winkel β_0 ($C'BD$ in Abb. 21a) ist null und die Entfernung $C'C$ in Abb. 24 ist $r_1\left(\sqrt{3} - \frac{\pi}{3}\right) = 0{,}68485\, r_1$, worin r_1 der Teilkreishalbmesser des treibenden Rades ist. Diese Beziehung kann leicht nachgewiesen werden, da der Abstand $C'E = r_1\sqrt{3}$ und der Abstand $CE = r_1\frac{\pi}{3}$ ist.

Ein Getriebe mit $\mu = \infty$ für den Extremfall ohne Stillstand ist in Abb. 24 gezeigt. Abb. 25 zeigt das andere Extrem, bei welchem die Periode der gleichförmigen Bewegung zu ihrem Minimum verringert ist; Bewegung und Stillstand nehmen je 180° des treibenden Rades ein.

2. Kinematik.

Abb. 21b zeigt ein Sternradgetriebe in einer allgemeinen Stellung während der Periode der Beschleunigung. CD ist ein Teil der Epizykloide, welche die Mittellinie des Schlitzes bildet. So wie in Abb. 21a ist A' die Mitte des sich abwälzenden Kreises in der Stellung, welche dem Punkte D zugeordnet ist.

Der Winkel $\alpha = C'AD$ ist der Winkel, welchen sich die treibende Rolle bis zur Mittelstellung drehen muß. Die Dreiecke $C'AD$ und $EA'D$ sind kongruent; da die Bogen $CE = DE = r_1\alpha$ sind, ist der Winkel $CBE = \frac{r_1\alpha}{r_2} = \frac{\alpha}{\mu}$.

Der Winkel $\beta = C'EC$ ist der Winkel, welchen sich das getriebene Rad bis zur Mittelstellung drehen muß. Der Winkel $C'BE = \beta + \frac{\alpha}{\mu}$ und der Winkel $C'BD$ ist die Hälfte davon, also gleich $\frac{\beta + \frac{\alpha}{\mu}}{2}$.

Da $ID = r_1 \sin\alpha$ und $IB = r_2 + r_1 - r_1\cos\alpha$ ist, folgt

$$\operatorname{tg}\frac{\beta + \frac{\alpha}{\mu}}{2} = \frac{r_1\sin\alpha}{r_2 + r_1 - r_1\cos\alpha} = \frac{\sin\alpha}{\mu + 1 - \cos\alpha}.$$

Die Beziehung zwischen β und α ist daher

$$\beta = \operatorname{arc\,tg} \frac{\sin\alpha}{\mu + 1 - \cos\alpha} - \frac{\alpha}{\mu} \tag{41}$$

Wenn sich das treibende Rad mit der Winkelgeschwindigkeit $\omega = 1$ dreht, wird die Winkelgeschwindigkeit des getriebenen Rades durch Differenzieren von β nach α erhalten.

$$\frac{d\beta}{d\alpha} = 2\frac{(\mu + 1)\cos\alpha - 1}{(\mu + 1)^2 + 1 - 2(\mu + 1)\cos\alpha} - \frac{1}{\mu} \tag{42}$$

Das Maximum der Winkelgeschwindigkeit wird für $\alpha = 0$ erreicht, wie leicht aus Abb. 21b entnommen werden kann, und es ist

$$\left(\frac{d\beta}{d\alpha}\right)_0 = \frac{1}{\mu} \tag{43}$$

Dieses Resultat ist nicht überraschend, da die Räder in der Mittellage wie gewöhnliche Stirnräder mit dem Übersetzungsverhältnis $r_2/r_1 = \mu$ wirken.

Differenzieren der Gl. (42) nach α führt zur Winkelbeschleunigung des getriebenen Rades.

$$\frac{d^2\beta}{d\alpha^2} = -2\mu(\mu + 1)(\mu + 2)\frac{\sin\alpha}{[(\mu + 1)^2 + 1 - 2(\mu + 1)\cos\alpha]^2} \tag{44}$$

Wie im Falle der Malteserkreuzgetriebe gibt auch hier das Minuszeichen an, daß das getriebene Rad vor der Mittellage beschleunigt wird.

Die Winkelbeschleunigung am Anfange der Bewegung wird erhalten, wenn man $(-\alpha_0)$ für α in Gl. (44) einsetzt. Da $\sin\frac{\alpha_0}{2} = \frac{\mu}{2(1+\mu)}$ ist, erhält man

$$\cos\frac{\alpha_0}{2} = \sqrt{1 - \sin^2\frac{\alpha_0}{2}} = \frac{\sqrt{(\mu + 2)(3\mu + 2)}}{2(\mu + 1)},$$

$$\sin(-\alpha_0) = -2\sin\frac{\alpha_0}{2}\cos\frac{\alpha_0}{2} = -\frac{\mu\sqrt{(\mu + 2)(3\mu + 2)}}{2(\mu + 1)^2}$$

und

$$\cos(-\alpha_0) = 1 - 2\sin^2\frac{\alpha_0}{2} = \frac{\mu^2 + 4\mu + 2}{2(\mu + 1)^2}.$$

Wenn man die Werte von $\sin(-\alpha_0)$ und $\cos(-\alpha_0)$ in Gl. (44) einsetzt, erhält man

$$\left(\frac{d^2\beta}{d\alpha^2}\right)_{-\alpha_0} = \frac{\mu + 1}{\mu^2}\sqrt{\frac{3\mu + 2}{\mu + 2}} \tag{45}$$

Der dritte Differentialquotient von β nach α ist

$$\frac{d^3\beta}{d\alpha^3} = -2\mu(\mu + 1)(\mu + 2)\frac{2(\mu + 1)\cos^2\alpha + (2 + 2\mu + 1)\cos\alpha - 4(\mu + 1)}{[(\mu + 1)^2 + 1 - 2(\mu + 1)\cos\alpha]^3} \tag{46}$$

Das Maximum von $\frac{d^2\beta}{d\alpha^2}$ tritt auf, wo $\frac{d^3\beta}{d\alpha^3} = 0$ ist oder wo

$$2(\mu + 1)\cos^2\alpha + (2 + 2\mu + \mu^2)\cos\alpha - 4(\mu + 1) = 0$$

ist. Die Lösung ist $\cos\alpha = -\frac{\mu^2 + 2(\mu + 1)}{4(\mu + 1)} \pm \sqrt{\left[\frac{\mu^2 + 2(\mu + 1)}{4(\mu + 1)}\right]^2 + 2}$. Der Wert unter der Quadratwurzel ist größer als 1 und nur das Pluszeichen kann angewendet werden, so daß

$$\alpha_{\max} = \arccos\left\{-\frac{\mu^2+2(\mu+1)}{4(\mu+1)} + \sqrt{\left[\frac{\mu^2+2(\mu+1)}{4(\mu+1)}\right]^2+2}\right\} \tag{47}$$

Man erhält das Maximum der Winkelbeschleunigung durch Einsetzen von $\alpha = \alpha_{\max}$ in Gl. (44).

$$\left(\frac{d^2\beta}{d\alpha^2}\right)_{\max} = -2\mu(\mu+1)(\mu+2)\frac{\sin\alpha_{\max}}{[(\mu+1)^2+1-2(\mu+1)\cos\alpha_{\max}]^2} \tag{48}$$

Der Winkel α in den vorhergehenden Gleichungen ist vom Standpunkte der Mathematik nicht auf die Periode der Beschleunigung eingeschränkt. Die Existenz eines Maximums von $\frac{d^2\beta}{d\alpha^2}$ bedeutet daher nicht unbedingt, daß während der Periode der Beschleunigung ein Maximum auftritt, und das Maximum ist bloß von Interesse, wenn $\alpha_{\max} < \alpha_0$ oder $\cos\alpha_{\max} > \cos\alpha_0$ ist, (da α_0 nur ein spitzer Winkel sein kann). Es folgt aus Gl. (47) und der Beziehung $\cos\alpha_0 = \frac{\mu^2+4\mu+2}{2(\mu+1)^2}$, daß

$$-\frac{\mu^2+2(\mu+1)}{4(\mu+1)} + \sqrt{\left[\frac{\mu^2+2(\mu+1)}{4(\mu+1)}\right]^2+2} > \frac{\mu^2+4\mu+2}{2(\mu+1)^2}.$$

Wenn man die Quadratwurzel auf einer Seite der Gleichung isoliert und beide Seiten quadriert, erhält man die bequemere Form $\mu^2(\mu^3-6\mu-4)<0$.

Die Kurve $y=\mu^2(\mu^3-6\mu-4)$ ist in Abb. 26 dargestellt. Der Faktor μ^2 gibt an, daß zwei der fünf Lösungen $\mu_1=\mu_2=0$ sind. Der Koordinatenursprung ist ein Doppelpunkt und die μ-Achse ist eine Tangente in diesem Punkte. Die drei anderen Lösungen sind die Wurzeln der kubischen Gleichung $\mu^3-6\mu-4=0$ und sind

$$\mu_3 = 2\sqrt{2}\cos 15^0 = 1+\sqrt{3} = 2{,}732$$

$$\mu_4 = -2\sqrt{2}\cos 45^0 = -2$$

$$\mu_5 = -2\sqrt{2}\cos 75^0 = 1-\sqrt{3} = -0{,}732\,.$$

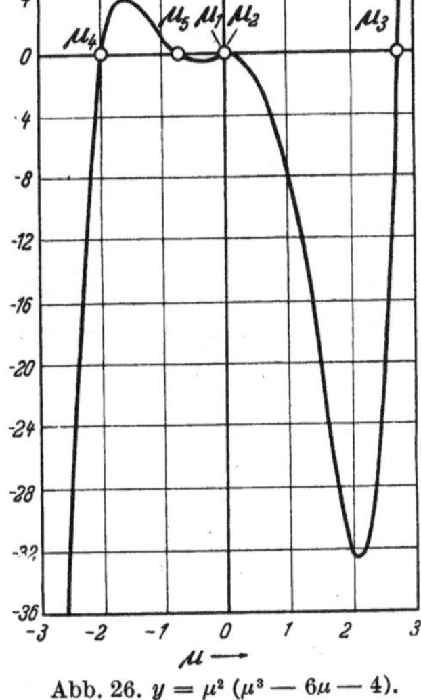

Abb. 26. $y=\mu^2(\mu^3-6\mu-4)$.

Wenn nur die Werte von $\mu \geqq 0$ in Betracht gezogen werden, ist die Bedingung $\alpha_{\max} < \alpha_0$ erfüllt, wenn $\mu^2(\mu^3-6\mu-4)$ negativ ist, das ist laut Abb. 26 für $0<\mu<2{,}732$. Für $\mu<2{,}732$ erreicht die Winkelbeschleunigung ihr Maximum während der tatsächlichen Periode der Winkelbeschleunigung. Für $\mu>2{,}732$ gehört das Maximum der Winkelbeschleunigung zu einem Winkel, welcher vor dem Anfange der Bewegung liegt, und der größte Wert der Winkelbeschleunigung ist der am Anfange der Bewegung.

Der Wert von $\frac{d^3\beta}{d\alpha^3}$ für $\alpha=0$ ist $-\frac{(\mu+1)(\mu+2)}{\mu^3}$. Er ist ein Maß für die Geschwindigkeit, mit welcher die Winkelbeschleunigung in der Nähe der Mittellage abnimmt. Dieser Wert ist jedoch von geringerer Bedeutung als der analoge

Wert für Malteserkreuzgetriebe, da sich infolge der Einschaltung von gleichförmiger Bewegung zwischen den Perioden der Winkelbeschleunigung und Winkelverzögerung die wirksame Flanke des Schlitzes nicht ändert.

Abb. 27 zeigt den Verlauf von β, $\frac{d\beta}{d\alpha}$ und $\frac{d^2\beta}{d\alpha^2}$ für das in Abb. 18 dargestellte und im Beisp. 8 (S. 66) untersuchte Getriebe. Die Winkelbeschleunigung fängt bei $\alpha_0 = -25°16'$ mit einem endlichen Werte an, steigt zu einem Maximum bei $\alpha_{\max} = -19°1'$ und nimmt dann ab, bis sie bei $\alpha = 0$ den Wert null erreicht. Die Bewegung ist dann während einer Periode von 39°28' gleichförmig. Die Winkelverzögerung während der weiteren Periode von 25°16' verläuft analog zu der Winkelbeschleunigung während der ersten Periode.

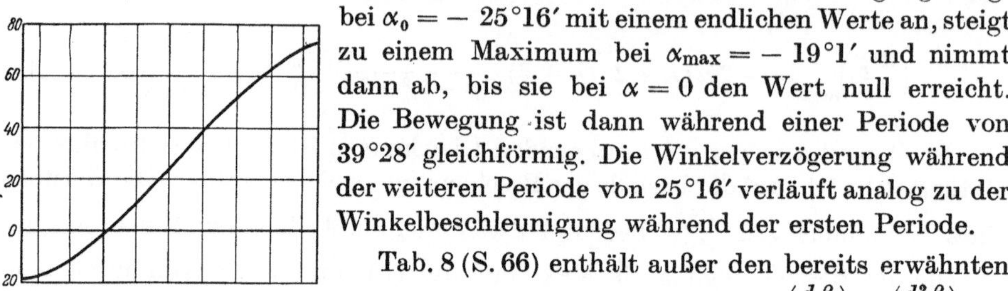

Tab. 8 (S. 66) enthält außer den bereits erwähnten geometrischen Werten die Werte $\left(\frac{d\beta}{d\alpha}\right)_0$, $\left(\frac{d^2\beta}{d\alpha^2}\right)_{-\alpha_0}$, $\alpha_{\max}$ und $\left(\frac{d^2\beta}{d\alpha^2}\right)_{\max}$, die beiden letzten jedoch nur für $\mu < 2{,}732$.

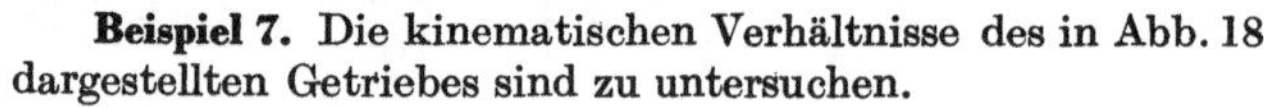

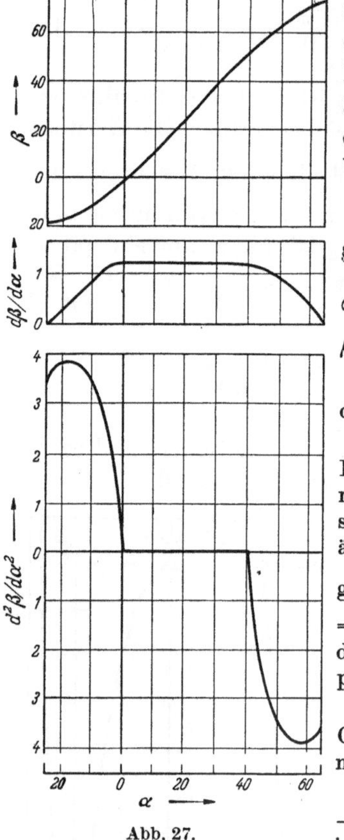

Abb. 27. Bewegungsdiagramme für das in Abb. 18 dargestellte Getriebe.

Beispiel 7. Die kinematischen Verhältnisse des in Abb. 18 dargestellten Getriebes sind zu untersuchen.

Die geometrischen Beziehungen dieses Getriebes sind im Beisp. 8 betrachtet worden und μ ist dort gleich $\frac{7}{9}$ angenommen worden. $N = 50$ Umdrehungen pro min, das ist dieselbe Drehzahl wie für das im Beisp. 1 (S. 8) betrachtete äquivalente Malteserkreuzgetriebe. Das Maximum der Winkelgeschwindigkeit für $\omega = 1$ ist laut Gl. (43) gleich $\frac{1}{\mu} = \frac{9}{7} = 1{,}286$ pro sek. Für $N = 50$ Umdrehungen pro min ist die größte Winkelgeschwindigkeit $5{,}236 \cdot 1{,}286 = 6{,}732$ pro sek.

Die Winkelbeschleunigung am Anfang ist für $\omega = 1$ laut Gl. (45) gleich 3,670 pro sek². Für $N = 50$ Umdrehungen pro min ist sie $27{,}416 \cdot 3{,}670 = 100{,}617$ pro sek².

Das Maximum der Winkelbeschleunigung tritt bei $\alpha_{\max} = -19°1'$ auf, was aus Gl. (47) erhalten werden kann, und es ist 3,921 pro sek², ein Resultat der Gl. (48). Für $N = 50$ Umdrehungen pro min ist es $27{,}416 \cdot 3{,}921 = 107{,}497$ pro sek².

Ein Vergleich zwischen den Resultaten der Beisp. 1 u. 7 zeigt, daß ein Sternradgetriebe mit $n = 4$ und $\varepsilon = 1$ kinematisch günstiger als das äquivalente Malteserkreuzgetriebe ist. Dasselbe gilt in einem noch höheren Ausmaße für $n = 3$ und in einem geringeren Maße für $n = 5$. Für $n \geqq 6$ ist jedoch das Maximum der Winkelbeschleunigung eines Malteserkreuzgetriebes kleiner als das des äquivalenten Sternradgetriebes. Dies ist darauf zurückzuführen, daß Malteserkreuzgetriebe längere Perioden der Winkelbeschleunigung haben, so daß die durchschnittliche Winkelbeschleunigung kleiner als im Falle von Sternradgetriebe ist; die hohen Werte der Winkelbeschleunigung sind nur auf die ungünstige Verteilung bei Malteserkreuzgetrieben mit kleinen Anzahlen von Stationen zurückzuführen.

3. Abänderungen.

Außen-Sternradgetriebe können in ähnlicher Weise wie die Außen-Malteserkreuzgetriebe abgeändert werden.

Die Beziehung zwischen der Anzahl m von gleichmäßig verteilten Gruppen von treibenden Rollen und dem Verhältnis ν ist, wie für abgeänderte Malteserkreuzgetriebe, $m\nu \leqq 1$ oder $m \leqq 1/\nu$. Da laut Gl. (35) $\nu = \varepsilon/n$ ist, ergibt sich $m \leqq n/\varepsilon$. Das Maximum von m ist daher dem Minimum von ε zugeordnet.

$$m_{\max} = \frac{n}{\varepsilon_{\min}} \tag{49}$$

Die nächst kleinste ganze Zahl zu dem Resultate der Gl. (49) ist in Tab. 4 (S. 64) als $m_{\max}$ angegeben. Diese Werte sind größer oder wenigstens gleich groß wie die analogen Werte für Malteserkreuzgetriebe (Tab. 2, S. 63). Zwei Gruppen von treibenden Rollen können für jede Anzahl von Stationen vorgesehen werden. Wenn nämlich $\varepsilon_{\min} = \frac{3\,n\,\alpha_0}{\pi}$ [Gl. (32)] in Gl. (49) eingesetzt wird, erhält man

$$m_{\max} = \frac{2\,\pi}{3\,\alpha_{0\,\min}}. \tag{50}$$

Der Winkel α_0 ist für eine endliche Anzahl von Stationen kleiner als $60° = \frac{\pi}{3}$, so daß $m_{\max} \geqq \frac{2\,\pi}{3\,\frac{\pi}{3}} = 2$ ist.

Die treibenden Rollen können in gleichmäßig oder in ungleichmäßig verteilten Gruppen angeordnet werden. Abb. 17 zeigt in gestrichelten Linien zwei zusätzliche Gruppen von treibenden Rollen, welche bewirken würden, daß das getriebene

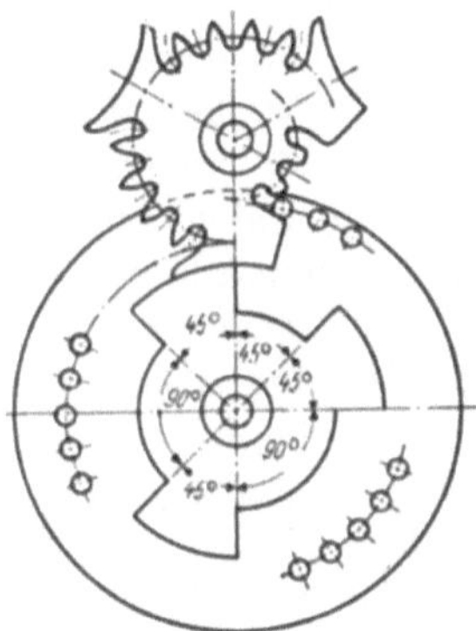

Abb. 28. Abgeändertes Malteserkreuzgetriebe mit verschiedenen Perioden der Bewegung.

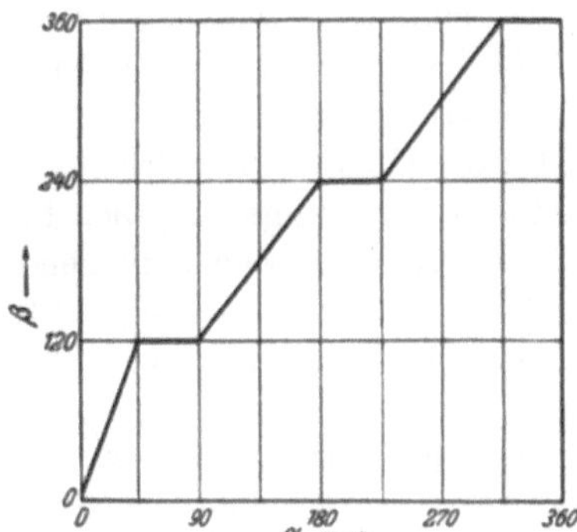

Abb. 29. Bewegungsdiagramm für das in Abb. 28 dargestellte Getriebe.

Rad eine halbe Umdrehung während jeder drittel Umdrehung des treibenden Rades macht. Wenn nur eine dieser zusätzlichen Gruppen vorgesehen wird, kommen die ungleichmäßig verteilten Gruppen von treibenden Rollen abwechselnd nach $\frac{1}{3}$ und $\frac{2}{3}$ Umdrehungen des treibenden Rades in Tätigkeit.

Abb. 28 zeigt ein Getriebe für die Erteilung von aussetzender Bewegung mit wechselnder Dauer der Bewegung, und Abb. 29 zeigt das zugehörige Bewegungsdiagramm in schematischer Form. Das getriebene Rad macht drei Partialbewegungen von je 120°, welche durch Stillstände voneinander getrennt sind und welche je 45° des treibenden Rades einnehmen. Eine der Partialbewegungen dauert 45° und die zwei anderen je 90° des treibenden Rades. Für die Partialbewegung, welche 45° dauert, ist $\varepsilon = 45/120 = 0{,}375$ und Tab. 5 (S. 64) gibt dafür und für $n = 3$ den Wert $\mu = 0{,}2869$ an. Für die Partialbewegungen, welche 90° dauern, ist $\varepsilon = 90/120 = 0{,}75$ und $\mu = 0{,}6047$. Mit den sich ändernden Werten von μ ändern sich auch die Teilkreishalbmesser und alle anderen Abmessungen innerhalb des Getriebes.

In ähnlicher Weise können Getriebe konstruiert werden, bei welchen sich nicht nur das Verhältnis von Bewegung und Stillstand, sondern auch der Betrag der Partialbewegungen des getriebenen Rades ändert.

4. Herstellung.

Der Teil 1 dieses Abschnittes (S. 20) bezieht sich auf die Elemente, welche die ungleichförmige Bewegung vermitteln. Die Winkel β_0 und φ_0, sowie der Abstand ϱ_0 bestimmen die Mittellinie der Schlitze; wenn die gleichfalls festgelegten Tangenten an beiden Enden der Schlitze gezogen werden, ergibt sich die Gestalt der Mittellinie des Schlitzes, beinahe ohne die Epizykloide konstruieren zu müssen.

Der Winkel zwischen der beschleunigenden und verzögernden Rolle (das ist zwischen der ersten und letzten Rolle jeder Gruppe) ist $\mu\left(\frac{2\pi}{n} - 2\beta_0\right)$. Der Winkel, über welchen sich die Sperrtrommel erstreckt, ist durch Gl. (39) bestimmt.

Die Elemente für die Erteilung der gleichförmigen Bewegung müssen in der für Zahnräder üblichen Weise bestimmt werden. Triebstockverzahnung ist in den meisten Abbildungen gewählt, weil sie eine Erklärung der Wirkungsweise dieser Getriebe unnötig macht. Triebstockverzahnung hat auch den (vermutlich einzigen) Vorteil einer gewissen Einfachheit, welche darin besteht, das einerseits die Rollen für die Erteilung der gleichförmigen und der ungleichförmigen Bewegung und andererseits die Schlitze für die Vermittlung der ungleichförmigen und die Zähne für die Übertragung der gleichförmigen Bewegung in den gleichen Ebenen angeordnet sind. Einige Angaben für Triebstockverzahnung sollen hier gemacht werden, soweit sie für den vorliegenden Fall nötig sind.

Die Relativbahn des Mittelpunktes einer Rolle für die Übertragung der gleichförmigen Bewegung im System des getriebenen Rades ist ein Teil einer Epizykloide, welche mit derjenigen der Mittellinie des Beschleunigungs- oder Verzögerungsschlitzes kongruent ist.

Der Abstand zwischen der beschleunigenden Rolle und ihrer Nachbarrolle ist durch folgende Überlegung bestimmt. Die Beschleunigung nimmt den Winkel α_0 des treibenden Rades ein und die beschleunigende Rolle verläßt ihren Schlitz nach einer Drehung durch einen weiteren Winkel α_0. Zwischen dem Anfange der Bewegung und der Stellung, in welcher die Elemente für die Übertragung der gleichförmigen Bewegung in Wirksamkeit treten, muß sich daher das treibende Rad um einen Winkel drehen, welcher zwischen α_0 und $2\alpha_0$ liegt. Die Teilung der mittleren Rollen kann in gewissen Grenzen willkürlich gewählt werden; es besteht jedoch eine untere Grenze, da mit abnehmender Teilung die Zähne schwächer werden, und eine obere Grenze ist durch die Forderung gezogen, daß jederzeit wenigstens zwei Rollen wirksam sein müssen.

Der Winkel, während welchen eine Rolle tätig ist, kann graphisch in der in Abb. 30 gezeigten Weise bestimmt werden. AB ist ein Teil einer Epizykloide, welche von einem Punkte auf dem Teilkreise des treibenden Rades beschrieben wird, wenn sich dieser Kreis auf dem Teilkreis des getriebenen Rades abwälzt. Die Flanke CD ist eine äquidistante Kurve im Abstande des Rollenhalbmessers. Diese Flanke entspricht in der Nähe des Zahngrundes nicht ganz der epizykloidischen Mittellinie, da in diesem Bereiche die Krümmungshalbmesser kleiner als der Rollenhalbmesser sind.

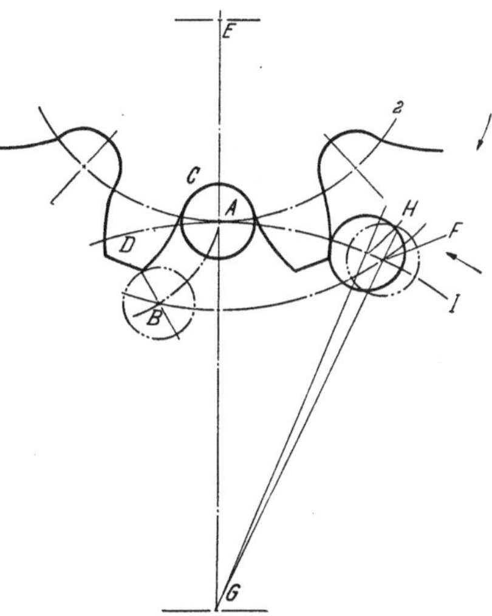

Abb. 30. Graphische Bestimmung der Eingriffsdauer von Triebstockverzahnungen.

Bei der in Abb. 30 angegebenen Drehrichtung kommt die Rolle in der Mittellage A zum Ende des Eingriffes mit der Flanke CD.

Die Zahnhöhe bestimmt den äußersten Punkt D der Zahnflanke, und dieser Punkt entspricht dem Punkte B der Epizykloide. Ein Kreis mit dem Mittelpunkte in E (dem Mittelpunkte des getriebenen Rades) durch den Punkt B bestimmt in seinem Schnittpunkte mit dem Teilkreise 1 des treibenden Rades den Anfang der Kämmung.

Wenn die zweite Rolle einen bestimmten Winkel (z. B. α_0) nach der ersten Rolle in Tätigkeit kommen soll, wird der Winkel AGF gleich diesem Winkel gezeichnet und die Zahnhöhe durch eine Umkehrung des oben beschriebenen Vorganges bestimmt. Wenn die Höhe der mittleren Zähne gleich der des ersten und letzten Zahnes gewählt wird, muß die Teilung der mittleren Zähne kleiner als der Bogen AF sein, damit stets mehr als eine Rolle wirksam ist. Die Teilung AH in Abb. 30 ist dementsprechend kleiner als der Bogen AF. Wenn für alle Rollen eine einheitliche Teilung gewählt wird, muß die Höhe der mittleren Zähne größer als die des ersten und letzten Zahnes sein.

Beispiel 8. Die Elemente für die Übertragung der gleichförmigen Bewegung für ein Sternradgetriebe mit $n = 1$ und $\mu = 0{,}375$ (Abb. 16) sind zu ermitteln. Die Mittenentfernung ist 198 mm und der Rollendurchmesser sei 20 mm gewählt. Für $\mu = 0{,}375$ ist der Winkel $\alpha_0 = 15°40\frac{1}{2}'$, der Winkel $\beta_0 = 24°41'$, die Teilkreishalbmesser $r_1 = 144$ mm und $r_2 = 54$ mm (54/144 = 0,375).

Die gleichförmige Bewegung nimmt $360° - 2\beta_0 = 310°38'$ des treibenden Rades oder $0{,}375 \cdot 310°38' = 116°29'$ des getriebenen Rades ein. Wenn wie in Abb. 16 acht gleichmäßig verteilte Rollen vorgesehen werden, ist der Winkel zwischen zwei aufeinanderfolgenden Rollen $\dfrac{116°29'}{7} = 16°38\frac{1}{2}'$.

Der Winkel $16°38\frac{1}{2}'$ liegt zwischen α_0 und $2\alpha_0$ und ist daher auch für die Teilung zwischen den äußersten Rollen und deren Nachbarrollen geeignet. Wenn man von diesem Winkel ausgeht und in der bei der Besprechung der Abb. 30 beschriebenen Weise vorgeht, ergibt sich die Höhe des ersten und letzten Zahnes 12 mm. Die mittleren Zähne müssen etwas höher gemacht werden.

Es ist bereits erwähnt worden, daß die gleichförmige Bewegung durch Teile üblicher Zahnräder vermittelt werden kann, und Abb. 31 zeigt ein derartiges Getriebe, welches dem in Abb. 16 gezeigten gleichwertig ist. Die Sperrtrommel ist mit dem treibenden Rade verbunden, und die Platte, welche den Sperrschuh und die Schlitze bildet, ist mit dem getriebenen Rade verbunden; das treibende Rad trägt auch die beschleunigenden und verzögernden Rollen.

Der Winkel δ zwischen der Lage eines Evolventenzahnrades, in welcher ein Zahn mit dem kämmenden Zahne in Eingriff gelangt, und der Lage, in welcher der Eingriffspunkt auf der Verbindungslinie der Mittelpunkte der zwei Räder liegt, kann aus dem Kopfkreishalbmesser e_2 des getriebenen Rades, dem Teilkreishalbmesser r_1 des treibenden Rades, dem Eingriffswinkel ψ und dem Verhältnis der Teilkreishalbmesser $\mu = \frac{r_2}{r_1}$ berechnet werden. Es möge ohne Beweis festgestellt werden, daß

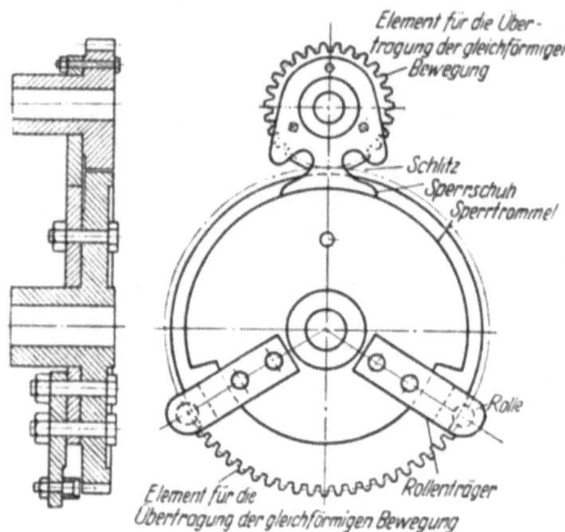

Abb. 31. Verbindung von Triebstock- und Evolventenverzahnungen; das Getriebe ist demjenigen der Abb. 16 gleichwertig.

$$\delta = \sqrt{\left(\frac{e_2}{r_1 \cos\psi}\right)^2 - \mu^2} - \mu \operatorname{tg}\psi \qquad (51)$$

Der Winkel zwischen dem Mittelpunkte der beschleunigenden Rolle und dem Ende des ersten Evolventenzahnes muß mindestens gleich dem durch Gl. (51) bestimmten Winkel δ sein. Die Zähnezahl des Evolventenrad-Sektors kann berechnet oder graphisch bestimmt werden, wenn die Dauer der gleichförmigen Bewegung und der Winkel δ bekannt sind.

Beispiel 9. Die Elemente für die Übertragung der gleichförmigen Bewegung für ein Sternradgetriebe laut Abb. 31 ($n = 1$, $\mu = 0{,}375$) sind zu ermitteln. Die Mittenentfernung ist 198 mm.

Ein gleichwertiges Getriebe ist im Beisp. 8 untersucht worden, und die Teilkreishalbmesser sind dort mit $r_1 = 144$ mm und $r_2 = 54$ mm gefunden worden. Wenn der Modul der Evolventenzähne gleich 4 gewählt wird, haben die vollständigen Räder 72 und 27 Zähne. Wenn die Zahnhöhe in üblicher Weise gleich dem Modul gemacht wird, ist der Kopfkreishalbmesser des getriebenen Rades $e_2 = \frac{29 \cdot 4}{2} = 58$ mm; $r_1 = 144$ mm; ψ möge entsprechend einem zur Verfügung stehenden Fräser 15° angenommen werden; $\mu = 0{,}375$. Gl. (51) führt dann zu

$$\delta = \sqrt{\left(\frac{58}{144 \cos 15^\circ}\right)^2 - 0{,}375^2} - 0{,}375 \operatorname{tg} 15^\circ = 0{,}08189 = 4^\circ 41\tfrac{1}{2}'.$$

Es ist im Beisp. 8 (S. 33) gefunden worden, daß die gleichförmige Bewegung 116°29′ des treibenden Rades einnimmt, so daß der Winkel, während welches die Evolventenzahnräder wirksam sind, kleiner als $116^\circ 29' - (2 \cdot 4^\circ 41\tfrac{1}{2}') = 107^\circ 6'$ sein muß. Der einer Teilung entsprechende Winkel ist $\frac{360^\circ}{72} = 5^\circ$, so daß 107°6′ einer Anzahl von 21,42 Teilungen entspricht. Der Bogen, welchen 22 Zähne einnehmen, entspricht, entlang des Teilkreises gemessen, $21\tfrac{1}{2}$ Teilungen und die Entfernung der zwei äußersten Zahnspitzen entspricht einem etwas kleineren Winkel. 22 Zähne könnten noch möglich sein; um jedoch sicher zu gehen, sind in der in Abb. 31 gezeigten Ausführung nur 21 Zähne gewählt worden. Da die Zähnezahl ungerade ist, hat das treibende Rad einen Zahn und das getriebene Rad eine Zahnlücke auf der Symmetrieachse. Auf dem getriebenen Rade brauchen nur 21 Lücken bearbeitet zu werden; es ist jedoch einwandfrei, wenn bei der Anwendung eines Abwälzverfahrens alle Zähne des getriebenen Rades geschnitten werden.

Das obige Beispiel läßt erkennen, daß die Teilkreisdurchmesser des treibenden und getriebenen Rades den Ansprüchen der gleichförmigen Drehbewegung Genüge leisten müssen; man geht daher bei der Konstruktion zweckmäßig von einem geeigneten Werte von μ aus.

Wenn übliche Zahnräder für die Übertragung der gleichförmigen Bewegung verwendet werden, bereitet bloß die Bearbeitung der Schlitze für die Beschleunigung und Verzögerung einige Schwierigkeiten. Die Schlitze können auf dem

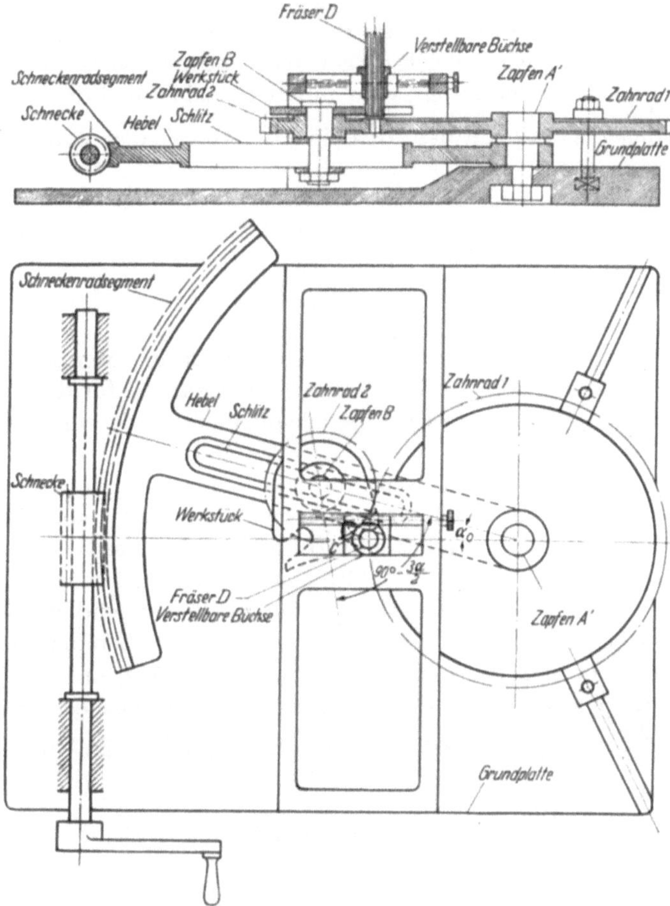

Abb. 32. Vorrichtung für das Fräsen von epizykloidischen Schlitzen (nach Bock).

Werkstück angerissen, gebohrt und gefeilt werden. Wo Sternradgetriebe in einer beträchtlichen Anzahl hergestellt werden sollen, vereinfacht eine Vorrichtung laut Abb. 32 die Arbeit. Die Grundplatte trägt einen Zapfen A', mit welchem das Rad *1* fest verbunden wird. Das Rad *1* muß denselben Teilkreisdurchmesser wie das treibende Rad haben und das zu verwendende treibende Rad kann für diesen Zweck verwendet werden. Ein um den Zapfen A' drehbarer Hebel ist mit einem Schlitz versehen und ist am äußeren Ende als ein Segment eines Schneckenrades ausgebildet, welches mit einer durch eine Handkurbel antreibbare Schnecke kämmt. Der Zapfen B wird in dem Schlitze des Hebels so angeordnet, daß die Entfernung der Zapfen A' und B gleich der Mittenentfernung des aussetzenden Getriebes ist. Das Zahnrad *2* mit einem Teilkreisdurchmesser des getriebenen Rades wird auf dem Zapfen B drehbar angeordnet und kämmt mit dem Zahnrade 1; auch hier kann das zu verwendende getriebene Rad für diesen Zweck verwendet werden.

Ein Fräser D mit dem Durchmesser der treibenden Rolle wird in einer verstellbaren Hülse geführt und die Entfernung zwischen dem Fräser und dem Zapfen A' wird gleich dem Teilkreishalbmesser des treibenden Rades gemacht.

Der Winkel $DA'B$ wird gleich α_0 gemacht und das Werkstück, in welches die Schlitze gefräst werden sollen, wird mit dem Zahnrad *2* derart verbunden, daß seine Symmetrieachse mit der Mittellinie des Hebels den Winkel $\left(90^\circ - \frac{3\alpha_0}{2}\right)$ einschließt.

Man wird finden, daß die Punkte A', B und D mit den gleich bezeichneten Punkten der Abb. 21a identisch sind, so daß bei der Drehung der Handkurbel der Fräser den verlangten Schlitz entlang der Mittellinie DC erzeugt. Nicht gezeigte Markierungen können die Einstellung der zwei benötigten Winkel vereinfachen.

Die Herstellung von Getrieben der in den Abb. 20 u. 25 gezeigten Art vereinfacht sich infolge der Abwesenheit besonderer Elemente für die Übertragung der gleichförmigen Bewegung. Die beschleunigende und verzögernde Rolle schließen in diesem Falle den Winkel α_0 ein. Die verzögernde Rolle tritt in dem Augenblicke in ihren Schlitz ein, wenn die beschleunigende Rolle die Mittellage erreicht, und beide Rollen erteilen dem getriebenen Rade eine gleichförmige Bewegung, während sich das treibende Rad um einen Winkel α_0 dreht. Die Elemente für die Übertragung der gleichförmigen Bewegung können auch weggelassen werden, wenn der Winkel zwischen der beschleunigenden und der verzögernden Rolle bis auf $2\alpha_0$ vergrößert wird; in diesem äußersten Falle tritt die verzögernde Rolle in dem Augenblicke in ihren Schlitz ein, in welchem die beschleunigende Rolle aus ihrem Schlitze austritt. Da die Dauer der gleichförmigen Bewegung $\mu\left(\frac{2\pi}{n} - 2\beta_0\right)$ ist, sind besondere Elemente für die Übertragung der gleichförmigen Bewegung unnötig, wenn $\mu\left(\frac{2\pi}{n} - 2\beta_0\right) < 2\alpha_0$ ist. Diese Beziehung kann mittels Gl. (23) zu $\alpha_0 < \frac{\pi}{3}\left(n - \frac{2}{n}\right)$ und mit weiterer Benutzung der Gl. (20) zu

$$\mu < \frac{2\sin\frac{\pi}{6}\,\frac{n-2}{n}}{1 - 2\sin\frac{\pi}{6}\,\frac{n-2}{n}} \qquad (52)$$

umgeformt werden.

Für $n = 1$ erhält man $\mu < -0{,}5$; für $n = 2$ erhält man $\mu < 0$. Da μ für außenverzahnte Sternradgetriebe einen positiven Wert hat, müssen besondere Elemente für die Übertragung der gleichförmigen Bewegung in jedem Falle von $n = 1$ oder 2 vorgesehen werden.

Für $n \geqq 3$ führt Gl. (52) zu positiven Werten von μ. Elemente für die Erteilung der gleichförmigen Bewegung können zwischen den Werten $\mu_{\min}$ (Tab. 4, S. 64) und den aus Gl. (52) sich ergebenden Werten von μ weggelassen werden. Diese Bereiche sind

n	Bereich von μ
3	0,0241 bis 0,5321
4	0,3943 bis 1,0731
5	0,7696 bis 1,6180
6	1,1483 bis 2,1650
7	1,5280 bis 2,7133
8	1,9092 bis 3,2619
9	2,2911 bis 3,8114
10	2,6731 bis 4,3612

Die obigen Bereiche stellen nur einen kleinen Teil der vollen Bereiche von μ dar. Da die häufigen Fälle von $n = 1$ und 2 vollständig ausgenommen sind, können die beschleunigende und verzögernde Rolle nur in Sonderfällen für die Übertragung der gleichförmigen Drehbewegung herangezogen werden.

V. Innen-Sternradgetriebe.

Es ist in Abschn. III (S. 14) gezeigt worden, daß Innen-Malteserkreuzgetriebe andere Anwendungsgebiete als Außen-Malteserkreuzgetriebe haben. Sternradgetriebe können gleichweise als Innengetriebe ausgebildet werden. Diese Getriebe gewähren jedoch keine Möglichkeiten, welche nicht auch für Außen-Sternradgetriebe bestehen. Während Innen-Malteserkreuzgetriebe kinematisch vorteilhafter als ihre außenverzahnten Gegenstücke sind, sind Innen-Sternradgetriebe den Außengetrieben gegenüber nur vorteilhaft, wenn das getriebene Rad innerhalb des treibenden Rades liegt. Innen-Sternradgetriebe sind jedoch häufig einfacher als ihre außenverzahnten Gegenstücke zu konstruieren und herzustellen, da die beschleunigende und verzögernde Rolle in vielen Fällen für die Übertragung der gleichförmigen Bewegung genügen. Innen-Sternradgetriebe haben mit anderen Innengetrieben gemeinsam, daß sich beide Räder im gleichen Sinne drehen und daß sie eine zusammengedrängte Konstruktion ermöglichen, besonders wenn es sich um kleine Mittenentfernungen handelt.

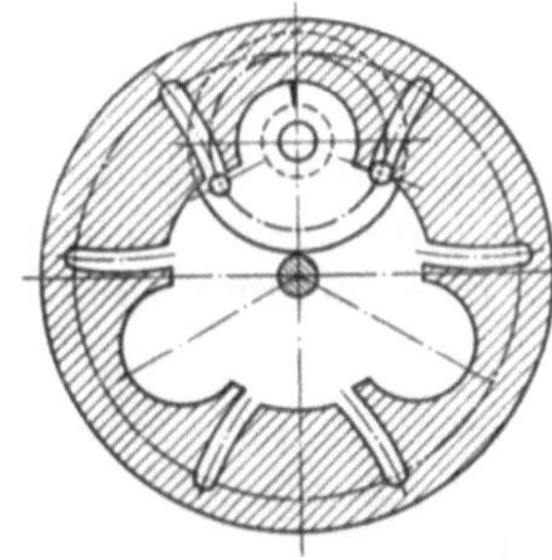

Abb. 33. Innen-Sternradgetriebe, $n = 3$; $\mu = 2{,}5$; $\varepsilon = 2{,}9575$.

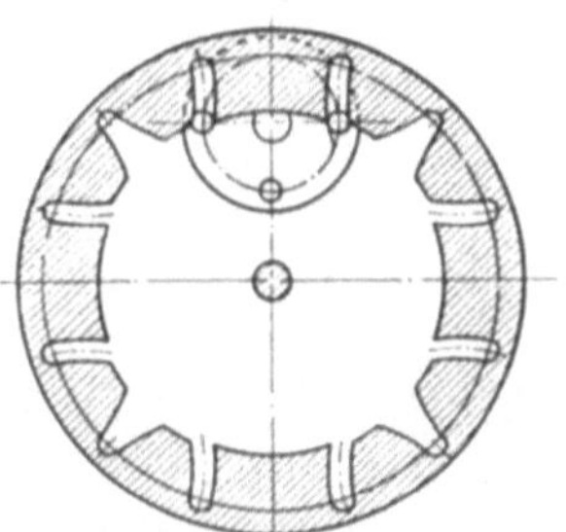

Abb. 34. Innen-Sternradgetriebe, $n = 4$; $\mu = 3{,}4142$; $\varepsilon = \varepsilon_{\max} = 4$.

Wie im Falle der Innen-Malteserkreuzgetriebe können auch hier negative Werte von μ in die für Außengetriebe abgeleiteten Gleichungen eingesetzt werden; einige der so erhaltenen negativen Werte können jedoch falsch verstanden und unrichtig angewendet werden.

Man muß zwischen Getrieben unterscheiden, bei welchen μ größer oder kleiner als 1 ist, das ist zwischen Getrieben, bei welchen das getriebene Rad größer oder kleiner als das treibende Rad ist. Im ersten Falle liegt das treibende Rad innerhalb des getriebenen (Abb. 33 u. 34); im zweiten Falle ist es umgekehrt (Abb. 35 u. 36). Es wird sich späterhin zeigen, daß diese beiden Gruppen durch ein Intervall

Abb. 35. Innen-Sternradgetriebe, $n = 2$; $\mu = 0{,}3420$; $\varepsilon = 0{,}5$.

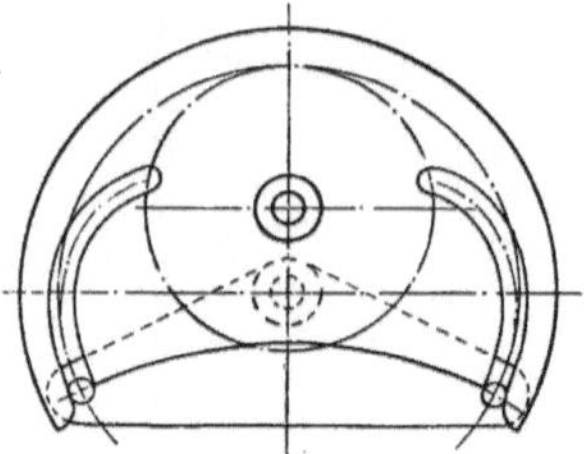

Abb. 36. Innen-Sternradgetriebe, $n = 1$; $\mu = 0{,}6302$; $\varepsilon = \varepsilon_{max} = 1$.

zu beiden Seiten von $\mu = 1$ voneinander getrennt werden. Dies ist analog zu Innenzahnrädern, für welche Übersetzungsverhältnisse in der Nähe von 1 nicht möglich sind. Des besseren Verständnisses wegen sollen beide Gruppen der Innen-Sternradgetriebe gesondert behandelt werden.

1. Geometrie.

Abb. 37a zeigt ein Innen-Sternradgetriebe mit $\mu < 1$ in der Stellung, in welcher das getriebene Rad sich zu bewegen beginnt. Die Mittellinie CD des der Beschleunigung dienenden Schlitzes ist ein Teil einer Perizykloide, welche von einem Punkte auf dem Teilkreise *1* beschrieben wird, wenn dieser Kreis sich auf dem Teilkreise *2*

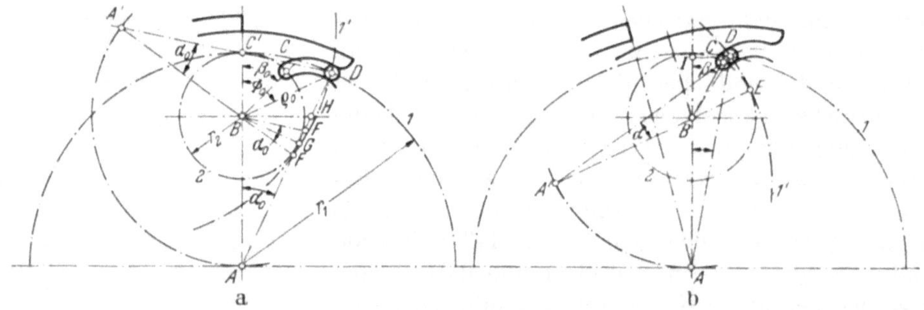

Abb. 37. Innen-Sternradgetriebe mit $\mu < 1$; bei a in der Stellung, in welcher die Bewegung des getriebenen Rades beginnt, bei b in einer allgemeinen Lage während der Periode der ungleichförmigen Bewegung des getriebenen Rades.

in einer Weise abwälzt, daß die Mittelpunkte beider Kreise auf der gleichen Seite des Berührungspunktes liegen. Die Perizykloide muß aus bereits bekannten Gründen im Punkt D eine gemeinsame Tangente mit dem Kreise *1* haben.

Die gleichen Kennzeichen wie in Abb. 21a machen die vielen Analogien mit Außen-Sternradgetrieben offensichtlich und berechtigen zu einer kurz gefaßten Ableitung der Gleichungen.

In dem gleichschenkeligen Dreiecke ABF in Abb. 37a ist die Entfernung $AB = r_1 - r_2$ und die Entfernung $BF = r_2$, so daß

$$\sin \frac{\alpha_0}{2} = \frac{\mu}{2(1-\mu)} \tag{20a}$$

$$\alpha_0 = 2 \arcsin \frac{\mu}{2(1-\mu)} \tag{21a}$$

Der Winkel HBF ist $\frac{\alpha_0}{2}$ und der Winkel FBE ist α_0, so daß der Winkel $C'BE$ gleich $\left(\frac{\pi}{2} + \frac{3\alpha_0}{2}\right)$ ist; der Winkel φ_0, welcher den Punkt D bestimmt, ist

$$\varphi_0 = \frac{\pi}{4} + \frac{3\alpha_0}{4} = \frac{\pi}{4} + \frac{3}{2} \arcsin \frac{\mu}{2(1-\mu)} \tag{22a}$$

Die Bogen CE und DE sind gleich $r_1\alpha_0$; der Winkel CBE ist $\frac{r_1\alpha_0}{r_2} = \frac{\alpha_0}{\mu}$ und Abb. 37a offenbart, daß

$$\beta_0 = \frac{\pi}{2} + \frac{3\alpha_0}{2} - \frac{\alpha_0}{\mu} = \frac{\pi}{2} - \frac{\alpha_0}{2}\left(\frac{2-3\mu}{\mu}\right) = \frac{\pi}{2} - \left(\frac{2-3\mu}{\mu}\right) \arcsin \frac{\mu}{2(1-\mu)} \tag{23a}$$

Für die Mittenentfernung a erhält man die Teilkreishalbmesser des treibenden und des getriebenen Rades

$$r_1 = \frac{a}{1-\mu} \tag{24a}$$

$$r_2 = \frac{a\mu}{1-\mu} \tag{25a}$$

Die Entfernung $s = C'D$ ist

$$s = \frac{a\mu}{(1-\mu)^2} \tag{26a}$$

und sie kann graphisch in der folgenden Weise erhalten werden: Ein Kreis mit dem Mittelpunkte in A und dem Halbmesser gleich der Mittenentfernung AB wird bis zum Schnitte F mit dem Teilkreise des getriebenen Rades gezogen; die Verlängerung der Geraden AF schneidet den Teilkreis des treibenden Rades in dem gesuchten Punkte D.

Der Winkel $BC'D$ ist $\left(\frac{\pi}{2} - \frac{\alpha_0}{2}\right)$, der Winkel $C'BD$ ist $\varphi_0 = \left(\frac{\pi}{4} + \frac{3\alpha_0}{4}\right)$ und der Winkel $C'DB$ ist $\pi - \left(\frac{\pi}{2} - \frac{\alpha_0}{2}\right) - \left(\frac{\pi}{4} + \frac{3\alpha_0}{4}\right) = \left(\frac{\pi}{4} - \frac{\alpha_0}{4}\right)$

Wenn man den Sinussatz anwendet, erhält man

$$\frac{\varrho_0}{r_2} = \frac{\sin\left(\frac{\pi}{2} - \frac{\alpha_0}{2}\right)}{\sin\left(\frac{\pi}{4} - \frac{\alpha_0}{4}\right)} = 2\cos\left(\frac{\pi}{4} - \frac{\alpha_0}{4}\right)$$

so daß

$$\varrho_0 = 2a \frac{\mu}{1-\mu} \cos\left(\frac{\pi}{4} - \frac{\alpha_0}{4}\right) \tag{27a}$$

Das Verhältnis der von dem treibenden und dem getriebenen Rade zurückgelegten Winkel ist, wie im Falle der Außen-Sternradgetriebe, $\varepsilon = \frac{2\alpha_0 + \mu\left(\frac{2\pi}{n} - 2\beta_0\right)}{\frac{2\pi}{n}}$ und man erhält mit Benutzung der Gl. (21a) u. (23a)

$$\varepsilon = \mu + n\frac{4-3\mu}{\pi}\arcsin\frac{\mu}{2(1-\mu)} - \frac{n\mu}{2} \tag{28a}$$

Wenn $n = 1$, ist

$$\varepsilon_1 = \frac{\mu}{2} + \frac{4-3\mu}{\pi}\arcsin\frac{\mu}{2(1-\mu)} \tag{29a}$$

Das Maximum von ε ist, wie im Falle der Außengetriebe,

$$\varepsilon_{\max} = n \tag{30a}$$

und der Wert μ, welcher dem Maximum von ε zugeordnet ist, muß die Bedingung erfüllen, daß

$$\frac{4-3\mu_{\max}}{\pi\mu_{\max}}\arcsin\frac{\mu_{\max}}{2(1-\mu_{\max})} - \frac{1}{\mu_{\max}} = \frac{n-2}{2n} \tag{31a}$$

Das Minimum von ε ist, wie im Falle der Außengetriebe,

$$\varepsilon_{\min} = \frac{3n}{2\pi}\alpha_0 = \frac{3n}{\pi}\arcsin\frac{\mu}{2(1-\mu)} \tag{32a}$$

und der Wert μ, welcher $\varepsilon_{\min}$ zugeordnet ist, muß die Bedingung erfüllen, daß

$$\frac{1-3\mu_{\min}}{\mu_{\min}}\arcsin\frac{\mu_{\min}}{2(1-\mu_{\min})} = \frac{\pi}{2}\frac{n-2}{n} \tag{33a}$$

Das Maximum der linken Seite der Gl. (33a) tritt für $\mu = 0$ auf und es beträgt $\frac{1}{2}$. Der entsprechende Wert von n ist $\frac{2\pi}{\pi - 1} = 2{,}93$, welchem bereits bei den Außengetrieben begegnet wurde. Da die rechte Seite der Gl. (33a) mit steigenden Werten von n wächst, kann n den Wert 2,93 nicht überschreiten; n kann daher nur 1 oder 2 sein und μ kann so klein als gewünscht sein. Wenn im äußersten Falle $\mu = 0$ ist, sind die Getriebe mit den in Abb. 22 u. 23 dargestellten identisch.

Obwohl die obigen Erwägungen analog zu den für Außengetrieben sind, ist ein Unterschied darauf zurückzuführen, daß $(1 + \mu)$ durch $(1 - \mu)$ ersetzt ist. Mit wachsendem Werte von μ könnte der Wert von $\sin\frac{\alpha_0}{2} = \frac{\mu}{2(1-\mu)}$ unmöglich werden, und eine Grenze ist dadurch gezogen, daß $\frac{\mu}{2(1-\mu)} < 1$ oder $\mu < \frac{2}{3} = 0{,}6667$ sein muß.

Eine andere Einschränkung ist dadurch bedingt, daß sich das treibende Rad aus demselben Grunde wie bei Außengetrieben während eines Zyklus zum mindesten um einen Winkel $3\alpha_0$ drehen muß. Infolgedessen kann $\frac{\alpha_0}{2}$ nicht $\frac{360^\circ}{6} = 60^\circ$ überschreiten und $\frac{\mu}{2(1-\mu)} < \sin 60^\circ = \frac{\sqrt{3}}{2}$ oder

$$\mu < \frac{3-\sqrt{3}}{2} = 0{,}6340 \tag{53a}$$

Diese Grenze ist niedriger als die oben angegebene und daher maßgebend In der Tab. 6, S. 65 welche die extremen Werte von ε und μ enthält, ist das Maximum von μ für $n = 1$ durch Gl. (31a) und das Maximum für $n = 2$ durch Gl. (53a) bestimmt.

Wenn der Wert ε gegeben ist, muß der für die Konstruktion wichtige Wert μ mittels Gl. (28a) bestimmt werden. Tab. 7, S. 65, erspart in den meisten Fällen die Lösung der transzendenten Gleichung. Auch hier ist es ratsam, sich nicht genau an den sich ergebenden Wert von μ zu halten, sondern wie im Beisp. 5 (S. 24) vorzugehen.

Die Dauer der Bewegung, als ein Bruchteil eines Zyklus ausgedrückt, ist wie im Falle der Außen-Sternradgetriebe

$$\nu = \frac{\varepsilon}{n} \tag{35a}$$

und für $n = 1$

$$\nu_1 = \varepsilon \tag{36a}$$

Es ist ferner

$$\nu_{\max} = \frac{\varepsilon_{\max}}{n} \tag{37a}$$

$$\nu_{\min} = \frac{\varepsilon_{\min}}{n} \tag{38a}$$

Der Winkel γ, über welchen sich die Sperrtrommel erstreckt, ist wie im Falle der Außen-Sternradgetriebe

$$\gamma = 2\left[\pi\left(1 - \frac{\mu}{n}\right) - \alpha_0 + \mu\beta_0\right] \tag{39a}$$

und im Falle von $n = 1$

$$\gamma_1 = 2\left[\pi(1 - \mu) - \alpha_0 + \mu\beta_0\right] \tag{40a}$$

Die für die Konstruktion benötigten Werte α_0, β_0, φ_0, r_1, r_2, s und ϱ_0 sind in Tab. 9 (S. 70) in kleinen Abstufungen von μ enthalten.

Beispiel 10. Ein Innen-Sternradgetriebe ist zu entwerfen, welches während 90° Drehung des treibenden Rades dem getriebenen Rade eine halbe Umdrehung erteilt (Abb. 35). Die Mittenentfernung ist 125 mm.

Das Verhältnis $\varepsilon = \frac{90^\circ}{180^\circ} = 0{,}5$ und Tab. 7 (S. 65) gibt dafür und für $n = 2$ den Wert $\mu = 0{,}3420$ an. Dieser Wert möge durch $\frac{13}{38} = 0{,}342105$ ersetzt werden, um rationelle Abmessungen der Teilkreishalbmesser zu erhalten.

Laut Gl. (20a) ist $\sin\frac{\alpha_0}{2} = \frac{\frac{13}{38}}{2\cdot\frac{25}{38}} = 0{,}26$: daraus folgt $\frac{\alpha_0}{2} = 15^\circ 4' = 15{,}067^0$ oder $\alpha_0 = 30^\circ 8'$.

Laut Gl. (22a) ist $\varphi_0 = 45^\circ + \frac{3}{4}\alpha_0 = 45^\circ + 22^\circ 36' = 67^\circ 36'$.

Laut Gl. (23a) ist $\beta_0 = 90^\circ - \left(\frac{37}{13}\cdot 15{,}067^\circ\right) = 90^\circ - 42{,}883^\circ = 47{,}117^\circ = 47^\circ 7'$.

Laut Gl. (24a) ist $r_1 = \frac{125}{1 - \frac{13}{38}} = 190\,\text{mm}$.

Laut Gl. (25a) ist $r_2 = 125 \cdot \frac{13}{38} \cdot \frac{38}{25} = 65$ mm.

Laut Gl. (26a) ist $s = 125 \cdot \frac{13}{38} \cdot \left(\frac{38}{25}\right)^2 = 98{,}8$ mm.

Laut Gl. (27a) ist $\varrho_0 = 2 \cdot 125 \cdot \frac{13}{25} \cos 37^\circ\, 28' = 103{,}2$ mm.

Alle diese Werte können auch aus Tab. 9 (S. 70) interpoliert werden.

Laut Gl. (28a) ist $\varepsilon = \frac{13}{38} + 2\left(4 - \frac{39}{38}\right) \cdot \frac{15{,}067}{180} - \frac{13}{38} = 0{,}49783$.

Dieser Wert unterscheidet sich nur geringfügig von dem beabsichtigten Werte 0,5 und bedeutet, daß die Bewegung 89°37′ statt 90° einnimmt; der Grund für diese Abweichung liegt in der Änderung des Wertes μ.

Laut Gl. (35a) ist $\nu = \frac{0{,}49783}{2} = 0{,}248915$, was sich wiederum geringfügig von dem beabsichtigten Werte 0,25 unterscheidet.

Laut Gl. (39a) ist $\gamma = 2\left[180\left(1 - \frac{13}{2 \cdot 38}\right) + (2 \cdot 15{,}067) + \left(\frac{13}{38} \cdot 47{,}117\right)\right]^\circ = 270{,}392^\circ = 270^\circ\, 23'$, was unbedenklich 270° ausgeführt werden kann, wie ursprünglich beabsichtigt gewesen ist.

Es ist interessant, die Rechnungen einerseits für $\varepsilon = \frac{2}{3}$ und $n = 1$ und andererseits für $\varepsilon = \frac{5}{6}$ und $n = 2$ auszuführen. In diesen Fällen nimmt μ den runden Wert 0,5 an und alle Winkel und beinahe alle Abmessungen ergeben sich als runde Werte.

Im Falle von $\varepsilon = \varepsilon_{\max}$ werden keine Elemente für die Sperrung benötigt, da das getriebene Rad periodisch zur Geschwindigkeit null verzögert wird, ohne zu einer dauernden Ruhe zu kommen. Ein Getriebe dieser Art ist in Abb. 34 zu sehen.

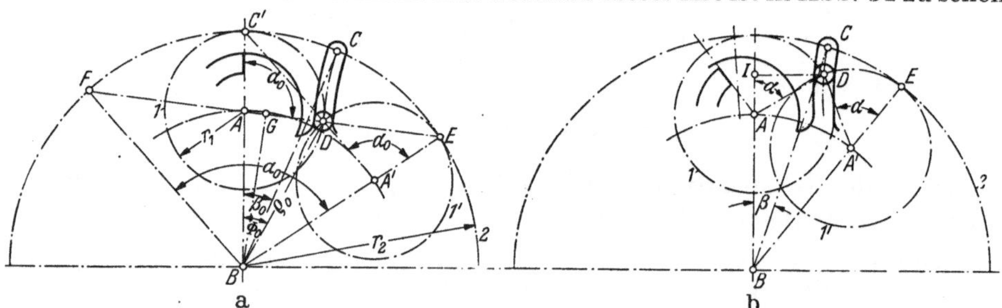

Abb. 38. Innen-Sternradgetriebe mit $\mu > 1$; bei a in der Stellung, in welcher die Bewegung des getriebenen Rades beginnt, bei b in einer allgemeinen Lage während der Periode der ungleichförmigen Bewegung des getriebenen Rades.

Für Innen-Sternradgetriebe, bei welchen das treibende Rad innerhalb des getriebenen Rades liegt oder bei welchen $\mu > 1$ ist, ist die Mittenentfernung $r_2 - r_1$, im Gegensatze zu den vorher untersuchten Getrieben, bei welchen die Mittenentfernung $r_1 - r_2$ ist. Es wird daher nicht überraschen, wenn in den verschiedenen Gleichungen $(1 - \mu)$ durch $(\mu - 1)$ ersetzt erscheint.

Die Gleichungen können von Abb. 38a abgeleitet werden, in welchen dieselben Bezeichnungen wie in den Abb. 21a u. 37a gewählt sind.

$$\sin \frac{\alpha_0}{2} = \frac{\mu}{2(\mu - 1)} \tag{20b}$$

$$\alpha_0 = 2 \arcsin \frac{\mu}{2(\mu - 1)} \tag{21b}$$

$$\varphi_0 = \frac{3\,\alpha_0}{4} - \frac{\pi}{4} \tag{22b}$$

$$\beta_0 = \frac{3\,\mu - 2}{\mu} \arcsin \frac{\mu}{2\,(\mu - 1)} - \frac{\pi}{2} \tag{23b}$$

$$r_1 = \frac{a}{\mu - 1} \tag{24b}$$

$$r_2 = \frac{a\,\mu}{\mu - 1} \tag{25b}$$

$$s = \frac{a\,\mu}{(\mu - 1)^2} \tag{26b}$$

$$\varrho_0 = 2\,a \frac{\mu}{\mu - 1} \cos\left(\frac{\pi}{4} + \frac{\alpha_0}{4}\right) \tag{27b}$$

$$\varepsilon = \mu + n \frac{4 - 3\,\mu}{\mu} \arcsin \frac{\mu}{2\,(\mu - 1)} + \frac{n\,\mu}{2} \tag{28b}$$

$$\varepsilon_{\max} = n \tag{30b}$$

$$\frac{3\,\mu_{\max} - 4}{\pi\,\mu_{\max}} \arcsin \frac{\mu_{\max}}{2\,(\mu_{\max} - 1)} + \frac{1}{\mu_{\max}} = \frac{n + 2}{2\,n} \tag{31b}$$

$$\varepsilon_{\min} = \frac{3\,n}{\pi} \arcsin \frac{\mu}{2\,(\mu + 1)} \tag{32b}$$

$$\frac{3\,\mu_{\min} - 1}{\mu_{\min}} \arcsin \frac{\mu_{\min}}{2\,(\mu_{\min} - 1)} = \frac{\pi}{2}\,\frac{n + 2}{n} \tag{33b}$$

$$\varepsilon_{\min} = \frac{3\,(n + 2)\,\mu_{\min}}{2\,(3\,\mu_{\min} - 1)} \tag{34b}$$

$$\nu = \frac{\varepsilon}{n} \tag{35b}$$

$$\nu_{\max} = \frac{\varepsilon_{\max}}{n} \tag{37b}$$

$$\nu_{\min} = \frac{\varepsilon_{\min}}{n} \tag{38b}$$

$$\gamma = 2\left[\pi\left(1 - \frac{\mu}{n}\right) - \alpha_0 + \mu\,\beta_0\right] \tag{39b}$$

Auch in diesen Fällen muß $\sin\frac{\alpha_0}{2} = \frac{\mu}{2\,(\mu - 1)}$ kleiner als 1 oder $\mu > 2$ sein. Eine andere Grenze wird durch die Bedingung gezogen, daß $\frac{\alpha_0}{2}$ den Wert von $60°$ nicht überschreiten darf, so daß $\frac{\mu}{2\,(\mu - 1)} < \frac{\sqrt{3}}{2}$ oder

$$\mu > \frac{3 + \sqrt{3}}{2} = 2{,}3660 \tag{53b}$$

Diese Grenze liegt höher als die zuerst festgestellte, und es wird späterhin gezeigt werden, daß das Minimum von μ bei 2,4399, also noch höher liegt.

Die linken Seiten der Gln. (31b) u. (33b) wachsen mit abnehmenden Werten von μ, so daß der kleinste Wert von μ dem größten Werte zugeordnet ist, auf welchen sich die linken Seiten dieser Gleichungen belaufen können. Die rechten Seiten der Gln. (31b) u. (33b) sind proportional $\frac{n+2}{n}$, welcher Wert mit abnehmenden Werten von n zunimmt. Das Minimum von $\mu = 2{,}3660$ gehört daher zu dem Minimum von n.

Sowohl wenn $\mu = \frac{3+\sqrt{3}}{2} = 2{,}3660$ für $\mu_{\max}$ in Gl. (31b), als auch wenn dieser Wert für $\mu_{\min}$ in Gl. (33b) eingesetzt wird, ergibt sich für n der Wert $12\sqrt{3} - 18 = 2{,}7846$. Der kleinste praktische Wert von n ist daher 3.

Die Wahl von μ größer oder kleiner als 1 hängt daher bei Innen-Sternradgetrieben von der Anzahl der Sperrschuhe n ab. Wenn n gleich 1 oder 2 ist, muß μ kleiner als 1 sein; wenn n gleich oder größer als 3 ist, muß μ größer als 1 sein. Die Getriebe, für welche μ größer und kleiner als 1 ist, sind in den Tab. 6 (S. 65) u. 9 (S. 70) deutlich voneinander geschieden.

Ein Vergleich zwischen den Tab. 4 (S. 64) u. 6 (S. 65) zeigt, daß Außen- und Innen-Sternradgetriebe für jeden Wert von n eine gemeinsame obere Grenze haben, während die untere Grenze bei den Innengetrieben höher liegt. Innengetriebe gewähren daher keine Möglichkeiten, welche nicht auch für Außengetriebe bestehen.

Es hat sich ergeben, daß für $n = 2{,}7846$ die obere und die untere Grenze von μ zusammenfallen. Wie Tab. 6 zeigt, besteht ein kleiner Spielraum zwischen den zwei Grenzen für $n = 3$. Dieser Spielraum wächst mit wachsenden Werten von n. Da jedoch die niedrigen Werte von n die größere Wahrscheinlichkeit einer praktischen Anwendung haben, lassen Innen-Sternradgetriebe im allgemeinen nur einen kleinen Spielraum in der Wahl von μ übrig.

Tab. 7 (S. 65) kann angewendet werden, wenn μ auf Grund eines verlangten Wertes von ε bestimmt werden muß. Es ist interessant, die Werte von n, ε und μ für den Fall $n = 4$ und $\varepsilon = 4$ (Abb. 34) mittels der Gl. (28b) zu überprüfen. Trotz der transzendenten Form dieser Gleichung ergibt sich in diesem Falle $\alpha_0/2 = 45°$ und $\mu = 2 + 2\sqrt{2} = 3{,}4142$. Ein ähnlicher, jedoch nicht so offensichtlicher Fall ergibt sich für $n = 10$ und $\varepsilon = 8$. In diesem Falle ist $\alpha_0/2 = 36°$; die Beziehung

$$\sin 36° = \frac{\sqrt{10 - 2\sqrt{5}}}{4} \quad \text{führt zu} \quad \mu = \frac{5 + \sqrt{5} + 2\sqrt{5 + 2\sqrt{5}}}{2} = 6{,}6957\,.$$

Tab. 9 (S. 70) enthält die Konstruktionsangaben für Innen-Sternradgetriebe. Es ist gefunden worden, daß für $\mu > 1$ das Minimum von $\mu = 2{,}3660$ zu der praktisch uninteressanten Anzahl von 2,7846 Sperrschuhen gehört. Das praktische Minimum ist daher das $\mu_{\min}$ für $n = 3$, das ist $\mu = 2{,}4399$, und Tab. 9 zeigt eine Lücke zwischen den μ-Werten von 0,634 und 2,44.

Eine weitere Lücke in dem möglichen Gebiete von μ liegt zwischen $\mu_{\max}$ für $n = 3$ (das ist 2,5420) und $\mu_{\min}$ für $n = 4$ (das ist 2,7980); der Wert $\mu = 2{,}6$ in Tab. 9 ist nur für den Zweck der Interpolation angeführt.

Die Werte für $\mu = \infty$ in Tab. 9 bestätigen die naheliegende Tatsache, daß diese Fälle mit den Fällen von $\mu = \infty$ für Außen-Sternradgetriebe (Abb. 24 u. 25) identisch sind.

Beispiel 11. Ein Innen-Sternradgetriebe, $n = 3$, $\mu = 2{,}5$ (Abb. 33) ist zu entwerfen; die Mittenentfernung ist 120 mm. Das Verhältnis $\varepsilon = 2{,}9575$ wird durch Gl. (28b) erhalten. Da eine Partialbewegung des getriebenen Rades 120° ist, nimmt die Bewegung 2,9575 × 120° = 354°54′ des treibenden Rades ein und der Stillstand dauert 5°6′ des treibenden Rades.

Laut Gl. (20b) ist $\sin\frac{\alpha_0}{2} = \frac{2{,}5}{2\cdot 1{,}5}$ und $\alpha_0 = 112°\,53'$.

Laut Gl. (22b) ist $\varphi_0 = \frac{3}{4}\alpha_0 - 45° = 39°\,40'$.

Laut Gl. (23b) ist $\beta_0 = \frac{5{,}5}{2{,}5}\cdot\frac{\alpha_0}{2} - 90° = 34°\,10'$.

Laut Gl. (24b) ist $r_1 = \frac{120}{1{,}5} = 80\,\text{mm}$.

Laut Gl. (25b) ist $r_2 = \frac{120\cdot 2{,}5}{1{,}5} = 200\,\text{mm}$.

Laut Gl. (26b) ist $s = \frac{120\cdot 2{,}5}{1{,}5^2} = 133{,}3\,\text{mm}$.

Laut Gl. (27b) ist $\varrho_0 = 2\cdot 120\cdot\frac{2{,}5}{1{,}5}\cos 73°\,13' = 115{,}5\,\text{mm}$.

Laut Gl. (35b) ist $\nu = \frac{2{,}9575}{3} = 0{,}9858$.

Der Winkel γ braucht nicht mittels Gl. (39b) berechnet zu werden; er ist 5°6′, wie am Anfange dieses Beispieles angeführt worden ist.

Einige Merkmale des in Abb. 33 gezeigten Getriebes sind ähnlich den für ε_{max} (sehr kurze Perioden des Stillstandes) und einige sind ähnlich den für ε_{min} (die Verzögerungsrolle beginnt ihre Tätigkeit bald nach der Mittellage der Beschleunigungsrolle).

Bei einem Vergleich der Tab. 3 (S. 63) u. 6 (S. 65) findet man, daß der Wert ε_{min} der Innen-Sternradgetriebe stets höher als der Wert ε der Innen-Malteserkreuzgetriebe ist. Im Gegensatz zu Außengetrieben kann daher ein Innen-Malteserkreuzgetriebe nicht durch ein Innen-Sternradgetriebe ersetzt werden.

2. Kinematik.

Die Abb. 37b u. 38b zeigen Innen-Sternradgetriebe in einer allgemeinen Lage während der Periode der ungleichförmigen Bewegung und in beiden Bildern sind die gleichen Bezeichnungen wie in Abb. 21b benutzt. Die Ableitung der Beziehung zwischen den Winkeln β und α ist analog derjenigen für Außengetriebe und führt sowohl für $\mu > 1$ als auch $\mu < 1$ zu

$$\beta = 2\,\text{arc tg}\,\frac{\sin\alpha}{\mu - 1 + \cos\alpha} - \frac{\alpha}{\mu} \tag{41a, b}$$

Wegen der Ähnlichkeit der Gl. (41a, b) mit Gl. (41) mögen die anderen Beziehungen ohne Erklärung festgestellt werden.

$$\frac{d\beta}{d\alpha} = 2\,\frac{(\mu-1)\cos\alpha + 1}{(\mu-1)^2 + 1 + 2(\mu-1)\cos\alpha} - \frac{1}{\mu} \tag{42a, b}$$

$$\left(\frac{d\beta}{d\alpha}\right)_0 = \frac{1}{\mu} \tag{43a, b}$$

$$\frac{d^2\beta}{d\alpha^2} = -\,2\mu(\mu-1)(\mu-2)\frac{\sin\alpha}{[(\mu-1)^2 + 1 + 2(\mu-1)\cos\alpha]^2} \tag{44a, b}$$

Im Falle von $\mu < 1$ ist

$$\left(\frac{d^2\beta}{d\alpha^2}\right)_{-\alpha_0} = \frac{1-\mu}{\mu^2}\sqrt{\frac{2-3\mu}{2-\mu}} \tag{45a}$$

und im Falle von $\mu > 1$ ist

$$\left(\frac{d^2\beta}{d\alpha^2}\right)_{-\alpha_0} = \frac{\mu-1}{\mu^2}\sqrt{\frac{3\mu-2}{\mu-2}} \tag{45b}$$

$$\frac{d^3\beta}{d\alpha^3} = -2\mu(\mu-1)(\mu-2)\frac{-2(\mu-1)\cos^2\alpha+(2-2\mu+\mu^2)\cos\alpha+4(\mu-1)}{[(\mu-1)^2+1+2(\mu-1)\cos\alpha]^3} \tag{46a, b}$$

$$\cos\alpha_{\max} = -\frac{\mu^2+2(1-\mu)}{4(1-\mu)} \pm \sqrt{\left[\frac{\mu^2+2(1-\mu)}{4(1-\mu)}\right]^2+2}$$

Man würde das gleiche Resultat erhalten, wenn man in der analogen Gleichung für Außen-Sternradgetriebe $(+\mu)$ durch $(-\mu)$ ersetzen würde, und es ist in diesem Falle einfacher, Innengetriebe wie Außengetriebe mit negativen Werten von μ zu behandeln.

Für $0 > \mu > -1$ ist der Wert $\frac{\mu^2+2(\mu+1)}{4(\mu+1)}$ positiv und

$$\cos\alpha_{\max} = -\frac{\mu^2+2(\mu+1)}{4(\mu+1)} + \sqrt{\left[\frac{\mu^2+2(\mu+1)}{4(\mu+1)}\right]^2+2}$$

Im Falle von $\mu < -1$ ist der Wert $\frac{\mu^2+2(\mu+1)}{4(\mu+1)}$ negativ und

$$\cos\alpha_{\max} = -\frac{\mu^2+2(\mu+1)}{4(\mu+1)} - \sqrt{\left[\frac{\mu^2+2(\mu+1)}{4(\mu+1)}\right]^2+2}$$

Im Falle von $0 > \mu > -1$ führt die Forderung $\cos\alpha_{\max} > \cos\alpha_0$ zu derselben Bedingung wie bei Außengetrieben, nämlich $\mu^2(\mu^3-6\mu-4) < 0$.

Wenn $\mu < -1$ ist, ändert sich infolge des Vorzeichens der Quadratwurzel das Ungleichheitszeichen, so daß $\mu^2(\mu^3-6\mu-4) > 0$.

Da jetzt den Innengetrieben negative Werte von μ zugeteilt sind, müssen die Ungleichheitszeichen der Ungleichungen 53a und 53b umgedreht werden.

Die Kurve $y = \mu^2(\mu^3-6\mu-4)$ in Abb. 26 liegt im Gebiete von $0 > \mu > -0{,}634$ (vergleiche Ungleichung 53a) und im Gebiete von $\mu < -2{,}366$ (vergleiche Ungleichung 53b) unterhalb der μ-Achse. Die Bedingung $\cos\alpha_{\max} > \cos\alpha_0$ ist demnach für $0 > \mu > -0{,}634$, jedoch nicht für $\mu < -2{,}366$ erfüllt.

Wenn man wieder zu der positiven Bezeichnung von μ für Innen-Sternradgetriebe zurückkehrt, erreicht die Winkelbeschleunigung ein Maximum während der Periode der Beschleunigung, wenn $\mu < 1$ ist. Für $\mu > 1$ fällt das Maximum in eine nur in der Rechnung existierende Stellung vor dem Anfange der Bewegung und der höchste tatsächlich auftretende Wert ist derjenige am Anfange der Bewegung. Das Maximum der Winkelbeschleunigung ist sonach nur für Getriebe mit $\mu < 1$ von Interesse. Die Stellung, in welcher das Maximum auftritt, ist durch die folgende Beziehung bestimmt:

$$\alpha_{\max} = \arccos\left\{-\frac{\mu^2+2(1-\mu)}{4(1-\mu)} + \sqrt{\left[\frac{\mu^2+2(1-\mu)}{4(1-\mu)}\right]^2+2}\right\} \tag{47a}$$

und das Maximum ist

$$\left(\frac{d^2\beta}{d\alpha^2}\right)_{\max} = -2\mu(1-\mu)(2-\mu)\frac{\sin\alpha_{\max}}{[(1-\mu)^2+1+2(1-\mu)\cos\alpha_{\max}]^2} \tag{48a}$$

Der Betrag von $\frac{d^3\beta}{d\alpha^3}$ für $\alpha = 0$ ist $\frac{-2(1-\mu)(2-\mu)}{\mu^3}$ und er ist ein Maßstab für die Geschwindigkeit, mit welcher die Winkelbeschleunigung in der Nähe der Mittellage abnimmt.

Tab. 9 (S. 70) enthält die Werte $\left(\frac{d\beta}{d\alpha}\right)_0$, $\left(\frac{d^2\beta}{d\alpha^2}\right)_{-\alpha_0}$, α_{max} und $\left(\frac{d^2\beta}{d\alpha^2}\right)_{max}$, die zwei letzten jedoch nur für $\mu < 1$.

Beispiel 12. Die kinematischen Verhältnisse des im Beisp. 11 betrachteten Getriebes ($n = 3$, $\mu = 2{,}5$) sind für $\omega = 1$ zu untersuchen.

Die Winkelgeschwindigkeit am Anfange der Bewegung ist null und steigt laut Gl. (43a, b) auf $\frac{1}{2{,}5} = 0{,}4$ pro sek in der Mittelstellung.

Die Winkelbeschleunigung am Anfange der Bewegung ist laut Gl. (45b) $\frac{1{,}5}{2{,}5^2}\sqrt{\frac{5{,}5}{0{,}5}} = 0{,}796$ pro sek² und ist der höchste tatsächlich auftretende Wert.

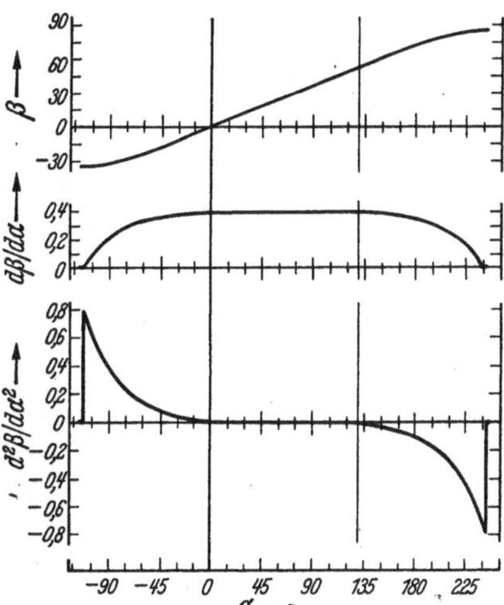

Abb. 39. Bewegungsdiagramme für das in Abb. 33 dargestellte Getriebe.

Abb. 39 zeigt den Verlauf der Werte β, $\frac{d\beta}{d\alpha}$ und $\frac{d^2\beta}{d\alpha^2}$ für das in den Beisp. 11 u. 12 untersuchte Getriebe. Beschleunigung und Verzögerung nehmen je 112°53′, die gleichförmige Bewegung 129°8′ und der Stillstand 5°6′ ein.

Beim Vergleich der Tab. 5, 7, 8 u. 9 bemerkt man, daß die extremen Werte der Winkelbeschleunigung für Außen- und Innen-Sternradgetriebe ungefähr gleich sind, wenn $\mu > 1$ ist, meist zu einem kleinen Vorteile der Außengetriebe. Wenn $\mu < 1$ ist, haben die Innengetriebe einen günstigeren Verlauf.

3. Abänderungen.

Innen-Malteserkreuzgetriebe haben sich als für Abänderungen ungeeignet erwiesen; Innen-Sternradgetriebe gestatten solche in einem bescheidenen Umfange.

Die Gl. (49) gilt auch für Innen-Sternradgetriebe. Sie offenbart, daß für eine oder zwei Stationen $m_{max} = \infty$ ist, daß es aber unmöglich ist, für irgendeine andere endliche Anzahl von Stationen mehr als eine Gruppe von treibenden Rollen anzuwenden.

Auch die Gl. (50) gilt für Innen-Sternradgetriebe und sie gibt eine eingehendere Auskunft. Es ist bei der Behandlung der Außengetriebe gefunden worden, daß zwei Gruppen von treibenden Rollen an die Bedingung $\alpha_0 \leqq 60°$ gebunden sind. Wie Tab. 9 (S. 70) zeigt, kommen dafür nur Werte von μ bis zu 0,5 und $\mu = \infty$ in Betracht.

In Abb. 35 ($\mu = 0{,}3420$ und $\varepsilon = 0{,}5$) ist eine zweite Gruppe von treibenden Rollen durch gestrichelte Linien angedeutet. Zwei weitere Gruppen könnten angeordnet werden, eine in jedem Quadranten. Laut Gl. (49) ist $m = \frac{n}{\varepsilon} = \frac{2}{0{,}5} = 4$, so daß bei vier Gruppen von treibenden Rollen kein Stillstand sein könnte.

Die Gruppen von treibenden Rollen brauchen nicht gleichmäßig verteilt zu sein und es ist auch möglich, Innen-Sternradgetriebe für wechselnde Partialbewegungen auszulegen.

4. Herstellung.

Was über die Herstellung von Außen-Sternradgetrieben angegeben worden ist, gilt mit den entsprechenden Änderungen auch für Innen-Sternradgetriebe. Die Kombination der Elemente für die Übertragung der gleichförmigen und der ungleichförmigen Bewegung kann wegen des beschränkten Platzes und wegen der Anordnung der Lager Schwierigkeiten bereiten. Innenzahnräder, das vorbestimmte Mittel für die Übertragung der gleichförmigen Bewegung, bereiten selbst Schwierigkeiten, da die Möglichkeit ihrer Herstellung in vielen Werkstätten nicht gegeben ist. Glücklicherweise sind besondere Elemente für die Übertragung der gleichförmigen Bewegung in den meisten Fällen von Innen-Sternradgetrieben überflüssig.

Das Kennzeichen, wann besondere Elemente für die Übertragung der gleichförmigen Bewegung weggelassen werden können, ist dasselbe wie für Außengetriebe, nämlich $\mu\left(\frac{2\pi}{n} - 2\beta_0\right) < 2\alpha_0$, was in ähnlicher Weise wie bei Außengetrieben für $\mu < 1$ ($n = 1$ oder 2) zu

$$\mu > \frac{2\sin\left(\frac{\pi}{6}\cdot\frac{2-n}{n}\right)}{2\sin\left(\frac{\pi}{6}\cdot\frac{2-n}{n}\right)+1} \tag{52a}$$

umgeformt werden kann. Für $\mu > 1$ ($n \geqq 3$) erscheint das Kennzeichen in der Form

$$\mu < \frac{2\sin\left(\frac{\pi}{6}\cdot\frac{2+n}{n}\right)}{2\sin\left(\frac{\pi}{6}\cdot\frac{2+n}{n}\right)-1} \tag{52b}$$

Für $n = 1$ ergibt sich $\mu > 0{,}5$, so daß diese Elemente für Werte von μ zwischen 0,5 und 0,6302 unnötig sind.

Für $n = 2$ ergibt sich $\mu > 0$, so daß die in Frage stehenden Elemente stets entbehrlich sind.

Für $n = 3$ erhält man $\mu < 2{,}8795$; da dieser Wert größer als $\mu_{\max}$ ist, brauchen diese Elemente nicht vorgesehen zu werden.

Für $n = 4$ ergibt sich $\mu < 3{,}4142$. Dieser Wert ist mit $\mu_{\max}$ identisch, so daß besondere Elemente für die Übertragung der gleichförmigen Bewegung in keinem Falle notwendig sind; es ist jedoch empfehlenswert, sie in dem angegebenen Extremfalle vorzusehen, um die Kontinuität der Bewegung zu sichern (vergleiche Abb. 34, wo eine Zwischenrolle vorgesehen ist).

Die Bereiche von μ für höhere Anzahlen von Stationen, in welchen besondere Elemente für die Übertragung der gleichförmigen weggelassen werden können, sind

n	Bereich von μ
5	3,1676 bis 3,9563
6	3,5434 bis 4,5016
7	3,9219 bis 5,1673
8	4,3011 bis 5,5973
9	4,6830 bis 6,1461
10	5,0643 bis 6,6953

Wie Tab. 6 (S. 65) zeigt, machen diese Bereiche einen beträchtlichen Teil der ganzen Bereiche für μ aus, mit Ausnahme von $n = 1$. Im Gegensatze zu gewöhnlichen Zahnrädern ist es daher möglich, ein Getriebe durch die Anordnung einer inneren Verzahnung zu vereinfachen. Die drei Innengetriebe der Abb. 33, 35 u. 36 zum Beispiel bestehen nur aus Elementen für die ungleichförmige Bewegung und das Getriebe laut Abb. 34 könnte gleichfalls so ausgebildet werden. Wenn irgendeines dieser Getriebe durch ein gleichwertiges Außen-Sternradgetriebe ersetzt werden sollte, wären besondere Elemente für die Übertragung der gleichförmigen Bewegung nötig.

Eine Vorrichtung ähnlich der in Abb. 32 dargestellten kann für die Bearbeitung der hypozykloidischen oder der perizykloidischen Schlitze verwendet werden oder die Vorrichtung kann so konstruiert sein, daß sie sowohl für Außen- als auch für Innen-Sternradgetriebe verwendet werden kann. Der Unterschied liegt hauptsächlich in der Stellung der Büchse für die Führung des Fräsers und in den Mitteln für das Festklemmen des Zahnrades, welches in Abb. 32 mit *2* bezeichnet ist.

VI. Aussetzende Getriebe für sich schneidende Achsen.

Die Konstruktion der Kegelräder für die Übertragung gleichförmiger Bewegung beruht auf der von Stirnrädern. Die Kugelflächen, auf welchen die Verzahnung eigentlich ermittelt werden sollte, werden durch die Ergänzungskegel ersetzt und die Verzahnungen werden auf den abgewickelten Ergänzungskegeln bestimmt. Die Zahnform am weiten Ende ergibt sich in ähnlicher Weise wie bei Stirnrädern und die Zähne verjüngen sich nach der Spitze hin.

Man könnte erwarten, daß Kegelräder für die Übertragung aussetzender Bewegung in einer ähnlichen Weise konstruiert werden können; dies ist jedoch nicht der Fall. Gewöhnliche Kegelräder kämmen in der Nähe der Mittelstellung, wo die Ergänzungskegel praktisch mit den Tangentialebenen in der Mittellage zusammenfallen, so daß dort auch ähnliche Verhältnisse wie bei Stirnrädern herrschen. Bei aussetzend arbeitenden Getrieben sind jedoch die wichtigsten Teile, nämlich die für den Beginn und das Ende der Bewegung, in einer beträchtlichen Entfernung von der Mittellage. Ein Ersatz der Ergänzungskegel durch deren Tangentialebenen wäre nicht einwandfrei und die Konstruktion und die Bearbeitung solcher Räder wäre schwierig und kostspielig.

Es ist daher am besten, sich schneidende Achsen für die Übertragung aussetzender Bewegung soweit als möglich zu vermeiden. Wenn dies jedoch nicht möglich ist, können Kegelräder der in Abb. 40 dargestellten Art angewendet werden.

Das große Rad dieses Getriebes, das treibende Element, hat 16 Zähne mit 15 normalen Zahnlücken; die 16. Zahnlücke ist abnormal, da sie sich über mehr als den halben Umfang erstreckt. Die Konstruktion dieses Rades entspricht einem vollständigen Rade mit 40 Zähnen.

Das kleine Rad, das getriebene Element, hat 16 Zähne und 16 Zahnlücken. Einer der Zähne nimmt den Platz zweier normaler Zähne ein; das Rad ist in Wirklichkeit für 17 Zähne ausgelegt und 1 Lücke ist nicht geschnitten.

Während eines Teiles einer Umdrehung des treibenden Rades macht das getriebene Rad eine Umdrehung und die Räder verhalten sich während der Periode der Bewegung des getriebenen Rades wie Kegelräder mit dem Übersetzungsverhältnis 40:17.

Der Stillstand wird dadurch erzielt, daß die ebene Sperrscheibe des treibenden Rades eine gleichfalls ebene Platte sperrt, welche mit dem getriebenen Rade verbunden ist.

Elemente für die Beschleunigung und Verzögerung sind wegen der angeführten Schwierigkeiten weggelassen. Der erste Anstoß wird durch den Zahn A des treibenden Rades erteilt. Dieser Zahn ist verkürzt, damit er an dem Zahne B des noch stillstehenden getriebenen Rades vorbeigehen kann. Der letzte Zahn des treibenden Rades ist gleichfalls verkürzt, damit er an einem Zahne des bereits gesperrten getriebenen Rades vorbeigehen kann.

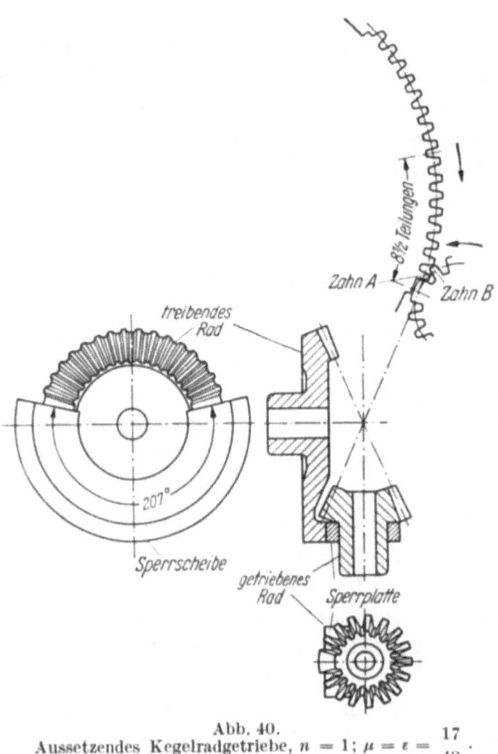

Abb. 40. Aussetzendes Kegelradgetriebe, $n = 1$; $\mu = \varepsilon = \frac{17}{40}$.

Am Anfange der Bewegung ist die Lücke in der Mitte der Gruppe der 16 Zähne $8\frac{1}{2}$ Teilungen von der Mittelstellung entfernt. Die Bewegung nimmt somit $2 \cdot \frac{8{,}5}{40} = \frac{17}{40}$ einer Umdrehung des treibenden Rades ein und die Sperrscheibe erstreckt sich über

$$\frac{23}{40} \cdot 360° = 207°.$$

Obwohl die Räder scheinbar nur 16 Zähne haben, ist sowohl ε (das Verhältnis der vom treibenden und getriebenen Rade während der Periode der Bewegung zurückgelegten Winkel) als auch ν (der Anteil der Bewegung in einem Zyklus) gleich $\mu = \frac{17}{40}$, das ist gleich dem Verhältnisse der Zähnezahlen der vollständigen Kegelräder.

Wenn das treibende Rad eine große ideelle Zähnezahl hat, kann es sich ergeben, daß zwei Zähne auf jeder Seite des treibenden Rades gekürzt werden müssen, um an dem getriebenen Rade vorbeizugehen. Eine andere Möglichkeit ist in solchen Fällen, den abnormalen Zahn des getriebenen Rades durch Unterlassung des Schneidens von zwei Lücken auszuführen; es braucht dann nur je ein Zahn an den Enden der Zahngruppe des treibenden Rades verkürzt zu werden. Die Wirkungsweise der Getriebe wird durch diese Abänderung nicht beeinflußt.

Wie bereits erwähnt worden ist, ist ε gleich dem Verhältnisse der Zähnezahlen des vollständigen getriebenen und treibenden Rades und die Getriebe verhalten sich während der Bewegung des getriebenen Rades wie die zugehörigen vollständigen Räder. Daraus folgt, daß ε nie den Wert 1 erreichen kann, da sich in diesem Falle auch das getriebene Rad gleichförmig drehen würde. Es gibt keine untere Grenze für ε und dieser Wert kann so klein als erwünscht gewählt werden, vorausgesetzt, daß der Raum für das sich ergebende große treibende Rad vorhanden ist.

Man kann auch das getriebene Rad mit einigen Sperrscheiben ausstatten und ihm periodisch nur einen Bruchteil einer Umdrehung erteilen. Im Falle von n gleichmäßig verteilten Sperrscheiben ist $\nu = \varepsilon/n$.

Das treibende Rad kann auch mit mehr als einer Gruppe von Zähnen und dementsprechend mit mehr als einer Sperrscheibe versehen werden.

Getriebe der beschriebenen Art leisten gute Dienste bei niedrigen Drehzahlen; ihre kinematischen Verhältnisse halten jedoch einer kritischen Untersuchung nicht stand.

VII. Aussetzende Getriebe für sich kreuzende Achsen.

Wenn sich kreuzende Achsen durch aussetzende Getriebe verbunden werden sollen, wendet man zweckmäßig andere Mittel als im Falle paralleler Achsen an. Das treibende Element des Getriebes in Abb. 41 ist eine Kurventrommel, welche mit auf der das getriebene Element bildenden Scheibe angebrachten Rollen zusammenarbeitet.

Die Trommel hat eine Rippe, welche sich über mehr als einen vollen Umfang der Trommel erstreckt und welche Bewegung und Stillstand des getriebenen Rades verursacht. Ein Teil der Rippe liegt in einer zur Achse der Trommel senkrechten Ebene. Die Breite dieses Teiles der Rippe ist gleich dem Zwischenraume zwischen zwei aufeinanderfolgenden Rollen und dieser Teil der Rippe dient für die Sperrung des getriebenen Rades. Die zwei Enden der Rippe sind nach außen gebogen und der Abstand zwischen diesen zwei Teilen ist gleich oder etwas mehr als der Rollendurchmesser; die gekrümmten Teile der Rippe bewirken die Bewegung des getriebenen Rades. Da die Rippe sowohl für die Bewegung als auch für die Sperrung dient, ist der Zwanglauf des getriebenen Rades gewährleistet.

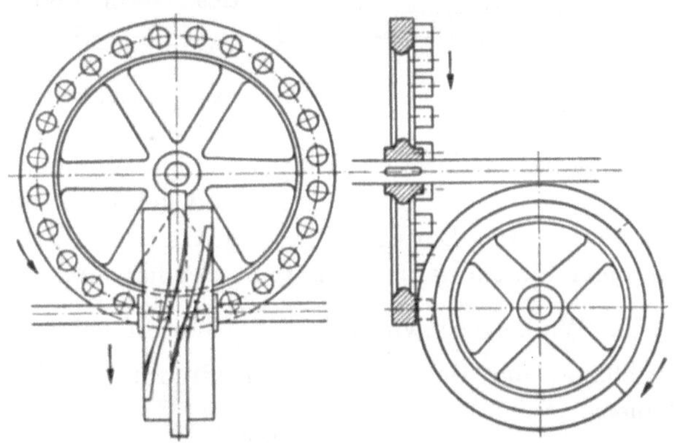

Abb. 41. Aussetzendes Getriebe für sich kreuzende Achsen, $n = 24$, $\nu = \frac{1}{4}$.

Die Rollen sollten sich zufolge theoretischer Erwägungen gegen die Mittellinie der Trommel verjüngen. Zylindrische Rollen sind jedoch einfacher und verursachen nur ein unbedeutendes Ausmaß des Gleitens, wenn die Rollen kurz sind.

Der Verlauf der Bewegung ist im Falle der Malteserkreuzgetriebe durch die bloße Wahl der Partialbewegung (oder der Anzahl n der Stationen) festgelegt. Im Falle der Sternradgetriebe kann zusätzlich entweder das Verhältnis μ oder das Verhältnis ε gewählt werden. Aussetzende Getriebe für sich kreuzende Achsen lassen die weitere Freiheit in der Wahl des Verlaufes der Bewegung. Man geht daher zweckmäßig bei der Konstruktion solcher Getriebe von Erwägungen der Kinematik aus.

Unter den verschiedenen Methoden der Konstruktion unrunder Scheiben werden zwei besonders oft angewendet, nämlich diejenige, welche eine gleichförmig beschleunigte und verzögerte Bewegung, und diejenige, welche eine harmonische Bewegung bewirkt. Nur diese zwei Methoden sollen hier besprochen werden, obwohl in der letzten Zeit viele Konstrukteure zu sogenannten zykloidischen Kurvenscheiben übergegangen sind. In diesem Falle ist die größte auftretende Beschleunigung größer als in den zwei hier zu besprechenden Fällen. Im Gegensatze zu den Kurvenscheiben dieser zwei Gruppen ist jedoch die Beschleunigung am Anfang und am Ende der Bewegung null und es tritt auch sonst keine Diskontinuität im Verlaufe der Beschleunigung auf.

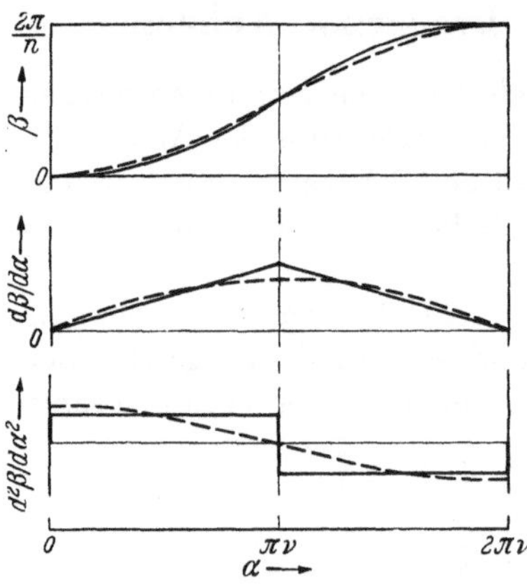

Abb. 42. Bewegungsdiagramme für aussetzende Getriebe für sich kreuzende Achsen.

Wenn der Anteil der Bewegung in einer Umdrehung des treibenden Rades ν genannt wird, nimmt die Bewegung den Winkel $2\pi\nu$ des treibenden Rades ein. Wenn das getriebene Rad n Rollen trägt, entspricht eine Partialbewegung des getriebenen Rades dem Winkel $\frac{2\pi}{n}$. Abb. 42 zeigt für den gleichen Winkel $2\pi\nu$ des treibenden Rades und für die gleiche Drehung $\frac{2\pi}{n}$ des getriebenen Rades die Bewegungsdiagramme der zwei zu besprechenden Bewegungen. Der voll ausgezogene Linienzug für den Winkel β besteht aus zwei Parabelästen und gehört zu der gleichförmig beschleunigten und verzögerten Bewegung. Die gestrichelte Kurve für den Winkel β ist ein Teil einer Sinuslinie und gehört zu der harmonischen Bewegung.

Die Winkelgeschwindigkeit $\frac{d\beta}{d\alpha}$ hat in beiden Fällen ein Maximum in der Mittellage; der Betrag dieses Maximums ist für die harmonische Bewegung kleiner.

Die Winkelbeschleunigung $\frac{d^2\beta}{d\alpha^2}$ hat im Falle der gleichförmig beschleunigten und verzögerten Bewegung einen gleichbleibenden Wert und geht in der Mittellage plötzlich in eine gleichbleibende Winkelverzögerung desselben Betrages über. Im Falle der harmonischen Bewegung erscheint die Winkelbeschleunigung als eine ununterbrochene Kurve mit einem allmählichen Übergang von positiven zu negativen Werten; die Extremwerte sind jedoch größer als bei der gleichförmig beschleunigten und verzögerten Bewegung. Beide Arten der Bewegung haben somit Vor- und Nachteile.

Wenn der Koordinatenursprung in den mit *0* bezeichneten Punkt gelegt wird, ist die Gleichung des linken Parabelastes $\beta = c\alpha^2$ und die Konstante c ist dadurch bestimmt, daß in der Mittelstellung $\alpha = \pi\nu$ und $\beta = \frac{\pi}{n}$ ist. Da $\frac{\pi}{n} = c\pi^2\nu^2$ oder $c = \frac{1}{\pi n \nu^2}$ ist, folgt

$$\beta = \frac{1}{\pi n \nu^2}\alpha^2 \tag{54}$$

Wenn sich das treibende Rad mit der Winkelgeschwindigkeit 1 dreht, ist der numerische Betrag der Winkelgeschwindigkeit des getriebenen Rades

$$\frac{d\beta}{d\alpha} = \frac{2}{\pi n \nu^2} \alpha \tag{55}$$

und die Winkelgeschwindigkeit in der Mittellage ($\alpha = \pi \nu$) ist

$$\left(\frac{d\beta}{d\alpha}\right)_0 = \frac{2}{n \nu} \tag{56}$$

Die Winkelbeschleunigung und Verzögerung haben den gleichbleibenden Wert

$$\frac{d^2\beta}{d\alpha^2} = \frac{2}{\pi n \nu^2} \tag{57}$$

Für den gleichen Koordinatenursprung ist die Gleichung von β für die harmonische Bewegung $\beta = c\,(1 - \cos c'\alpha)$, worin c und c' zwei zu bestimmende Konstanten sind. Am Ende der Bewegung ist $c'\alpha = 2c'\,\pi\,\nu = \pi$, so daß $c' = \frac{1}{2\nu}$ ist. In diesem Zeitpunkte ist $\beta = \frac{2\pi}{n}$, so daß $c\,(1 - \cos\pi) = \frac{2\pi}{n}$ oder $c = \frac{\pi}{n}$ ist. Die Beziehung zwischen β und α ist daher

$$\beta = \frac{\pi}{n}\left(1 - \cos\frac{\alpha}{2\nu}\right) \tag{58}$$

Die Winkelgeschwindigkeit ist

$$\frac{d\beta}{d\alpha} = \frac{\pi}{2n\nu} \sin\frac{\alpha}{2\nu} \tag{59}$$

und ihr Betrag in der Mittellage ist

$$\left(\frac{d\beta}{d\alpha}\right)_0 = \frac{\pi}{2n\nu} \tag{60}$$

Die Winkelbeschleunigung ist

$$\frac{d^2\beta}{d\alpha^2} = \frac{\pi}{4n\nu^2} \cos\frac{\alpha}{2\nu} \tag{61}$$

und ihr Maximum bei $\alpha = 0$ ist

$$\left(\frac{d^2\beta}{d\alpha^2}\right)_{\max} = \frac{\pi}{4n\nu^2} \tag{62}$$

Ein Vergleich zwischen den Gln. (56) u. (60) zeigt, daß das Verhältnis der Maxima der Winkelgeschwindigkeiten für harmonische und für gleichförmig beschleunigte und verzögerte Bewegung $\dfrac{\frac{\pi}{2n\nu}}{\frac{2}{n\nu}} = \frac{\pi}{4} = 0{,}7854$ ist.

Ein Vergleich zwischen den Gln. (57) u. (62) zeigt, daß das Verhältnis der Maxima der Winkelbeschleunigungen für harmonische und für gleichförmig beschleunigte und verzögerte Bewegung $\dfrac{\frac{\pi}{4n\nu^2}}{\frac{2}{\pi n\nu^2}} = \frac{\pi^2}{8} = 1{,}2337$ ist.

Beispiel 13. Die kinematischen Verhältnisse eines aussetzenden Getriebes für sich kreuzende Achsen mit $n = 6$ Rollen und $\nu = \frac{1}{2}$ sind zu untersuchen; die Winkelgeschwindigkeit des treibenden Rades ist $\omega = 1$ pro sek.

Gleichförmig beschleunigte und verzögerte Bewegung: Das Maximum der Winkelgeschwindigkeit ist laut Gl. (56) gleich $\frac{2}{6 \cdot \frac{1}{2}} = 0{,}667$ pro sek. Die Winkelbeschleunigung und Verzögerung sind laut Gl. (57) gleich $\frac{2}{\pi \cdot 6 \cdot \frac{1}{4}} = 0{,}424$ pro sek^2.

Harmonische Bewegung: Das Maximum der Winkelgeschwindigkeit ist laut Gl. (60) gleich $\frac{\pi}{2 \cdot 6 \cdot \frac{1}{2}} = 0{,}524$ pro sek. Das Maximum der Winkelbeschleunigung ist laut Gl. (62) gleich $\frac{\pi}{4 \cdot 6 \cdot \frac{1}{4}} = 0{,}524$ pro sek.^{2}

Wenn die Anzahl der Rollen groß ist, ähnelt die abgewickelte Mittellinie des Rollenweges den Parabeln oder der Sinuslinie und die Begrenzung der Rippe wird in der Einhüllenden von Kreisen erhalten, welche den Mittelpunkt auf dieser Linie haben und deren Durchmesser gleich dem der Rollen ist.

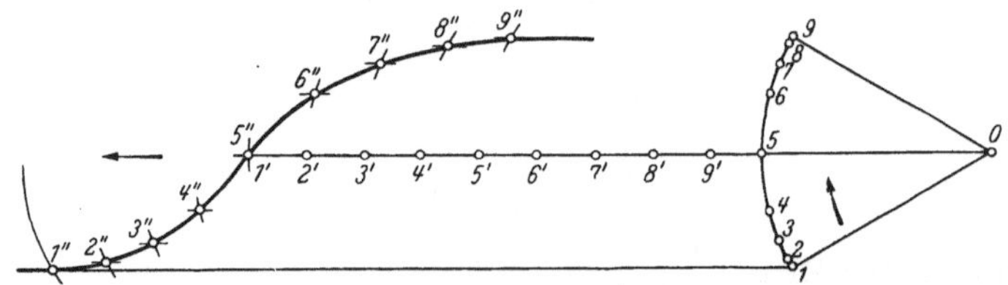

Abb. 43. Konstruktion der Mittellinie des Schlitzes für gleichförmig beschleunigte und verzögerte Bewegung.

Im Falle einer kleinen Anzahl von Rollen ist es ratsam, die abgewickelte Mittellinie der Rollenbahn genauer zu konstruieren, wie in den Abb. 43 u. 44 gezeigt ist.

Wenn eine gleichförmig beschleunigte und verzögerte Beschleunigung angestrebt ist, wird der Bogen *1—9* in Abb. 43, entlang welches die Rollen in einer

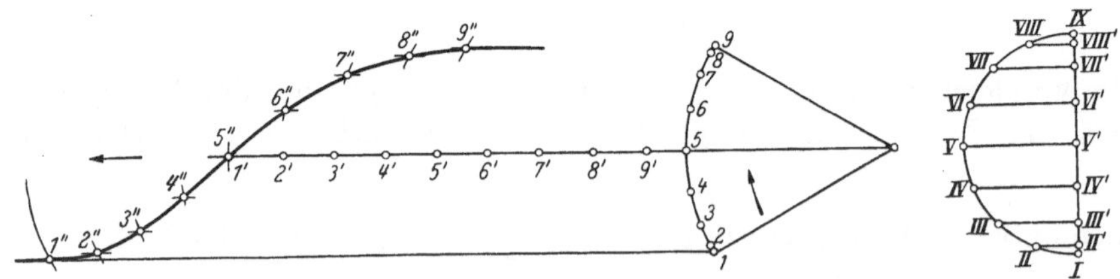

Abb. 44. Konstruktion der Mittellinie des Schlitzes für harmonische Bewegung.

Partialbewegung wandern, in zum Beispiel 32 (allgemein $2x^2$) gleiche Teile geteilt. Die Bogen *1—2* und *9—8* werden gleich einem dieser Teile,die Bogen *2—3* und *8—7* drei Teile, die Bogen *3—4* und *7—6* fünf Teile und die Bogen *4—5* und *6—5* sieben Teile gemacht.

Die Entfernung *1'—9'* wird gleich dem abgewickelten Umfange des Teiles der treibenden Trommel gemacht, welcher der Periode der Bewegung entspricht, und sie wird in *8* (allgemein $2x$) gleiche Teile geteilt. Ein Kreis mit dem Teilkreishalbmesser der Rollen und mit dem Mittelpunkte in *1'* wird beschrieben und eine Parallele zu *1'—9'* durch den Punkt *1* schneidet diesen Kreis im Punkte *1''*. Dieser und in ähnlicher Weise andere so konstruierte Punkte bestimmen die abgewickelte Mittellinie der Rollenbahn.

Wenn eine harmonische Bewegung verlangt ist, wird ein Kreis gezogen, dessen Durchmesser *I—IX* gleich der Länge des Bogens *1—9* (Abb. 44) ist, entlang welches die Rollen während einer Partialbewegung wandern. Eine Hälfte des Kreises wird in 8 gleiche Teile geteilt und die Punkte *II*, *III* usw. auf den Durchmesser *I—IX* projiziert. Der Bogen *1—9* wird dann derart in 8 Teile geteilt, daß der Bogen *1—2* gleich *I—II'* ist, der Bogen *2—3* gleich *II'—III'* usw. Die weitere Konstruktion der abgewickelten Mittellinie der Rollenbahn ist sonst so wie oben beschrieben.

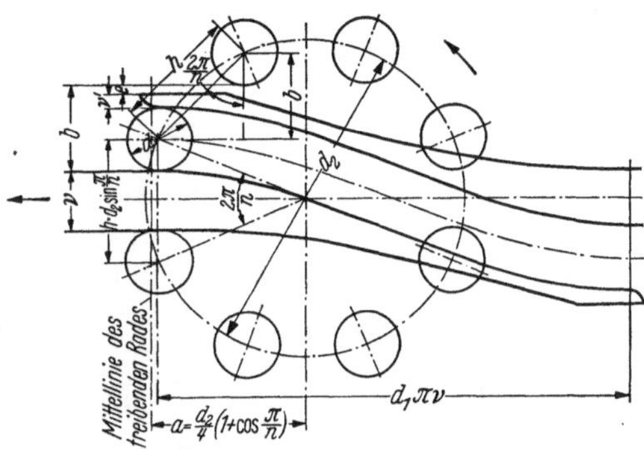

Abb. 45. Abgewickelte Umrisse der Rippe eines aussetzenden Getriebes für sich kreuzende Achsen.

Die Gleichungen zeigen, daß die kinematischen Verhältnisse unabhängig vom Durchmesser d_1 der treibenden Trommel, vom Teilkreisdurchmesser d_2 der Rollen und vom Durchmesser d der Rollen sind. Diese Abmessungen können willkürlich gewählt werden und die folgenden Angaben mögen ein Anhaltspunkt dafür sein.

Ein großer Durchmesser d_1 verringert die Neigung der Rippe; da diese Neigung eine ähnliche Bedeutung wie der Winkel eines Keiles oder der Steigungswinkel eines Gewindes hat, nimmt die Kraft, mit welcher die Rippe auf die Rollen drückt, mit zunehmendem Durchmesser d_1 ab.

Die Länge des Umfanges der treibenden Trommel, auf welchem die Rippe in Abb. 45 gekrümmt ist, ist $d_1 \pi v$, entsprechend dem Winkel $2\pi v$ in dem Diagramme der Abb. 42. Der Hub der Rolle ist $d_2 \sin\frac{\pi}{n}$, entsprechend dem Winkel $\frac{2\pi}{n}$ in Abb. 42. Wenn $\frac{d_1 \pi v}{d_2 \sin\frac{\pi}{n}}$ im Falle der Sinuslinie ungefähr 4 oder im Falle der zwei Parabeläste ungefähr 5 ist, ist die größte Neigung (in der Mittellage) in beiden Fällen kleiner als 22°. Die Sinuslinie ist demnach vorteilhaft, wenn der zur Verfügung stehende Raum beschränkt ist.

Der Vorteil eines großen Durchmessers d_1 ist in manchen Fällen von Nachteilen begleitet. Wenn zum Beispiel d_1 größer als d_2 ist, kann die getriebene Welle nicht an dem treibenden Rade vorbeigehen. In vielen Fällen von kleinen Werten für v und n muß man das Verhältnis $\frac{d_1 \pi v}{d_2 \sin\frac{\pi}{n}}$ kleiner machen als oben empfohlen worden ist.

Da sich die Rollen auf einem Kreise bewegen, können ihre Achsen nicht in jeder Stellung gegen die Achse des treibenden Rades gerichtet sein. Die Abweichungen von dieser angestrebten Richtung werden verringert, wenn die Achse des treibenden Rades so gelegt ist, daß die Achsen der Rollen in ihren äußersten Stellungen gleiche Abstände von ihr haben. Wie Abb. 45 zeigt, ist die Entfernung der treibenden und getriebenen Welle in diesem Falle

$$a = \frac{1}{2}\left(\frac{d_2}{2} + \frac{d_2}{2}\cos\frac{\pi}{n}\right) = \frac{d_2}{4}\left(1 + \cos\frac{\pi}{n}\right) \tag{63}$$

Abb. 45 zeigt ferner, daß die Sehne $h = d_2 \sin\frac{\pi}{n} = d + r$ ist. Wenn der Durchmesser d der Rollen und die Dicke r der Rippen als gleich angenommen werden, ist $2d = 2r = d_2 \sin\frac{\pi}{n}$ oder

$$\frac{d}{d_2} = \frac{r}{d_2} = \frac{1}{2}\sin\frac{\pi}{n} \tag{64}$$

Die Dicke r' an den Enden der Rippe muß so klein gehalten werden, daß keine Interferenz zwischen der Außenbegrenzung der Rippe und der Rolle vor oder hinter derjenigen, welche gerade getrieben wird, auftritt. Als ein Anhaltspunkt möge r' gleich $\frac{d}{4}$ dienen.

Laut Abb. 45 ist $\frac{b}{h} = \cos\frac{2\pi}{n}$. Die Abmessung e wird null, wenn $b = d + r'$. Wenn $r' = \frac{d}{4}$ ist, wird $b = 1{,}25\,d$ und $h = d + r = 2d$, so daß $\cos\frac{2\pi}{n} = \frac{b}{h} = \frac{1{,}25}{2} = 0{,}625$ ist; das zugehörige n ist ungefähr 7.

Um in Fällen einer kleinen Anzahl von Stationen eine Interferenz zu verhindern, kann r' zu weniger als $d/4$ verringert werden, der Durchmesser der Rollen d kann verringert und die Dicke r entsprechend vergrößert oder die Höhe der Rollen verringert werden. Abb. 46 zeigt, daß Getriebe mit 6 Rollen möglich sind; diese Zahl möge jedoch als untere Grenze betrachtet werden; Getriebe mit einer oder zwei Rollen sind nicht möglich.

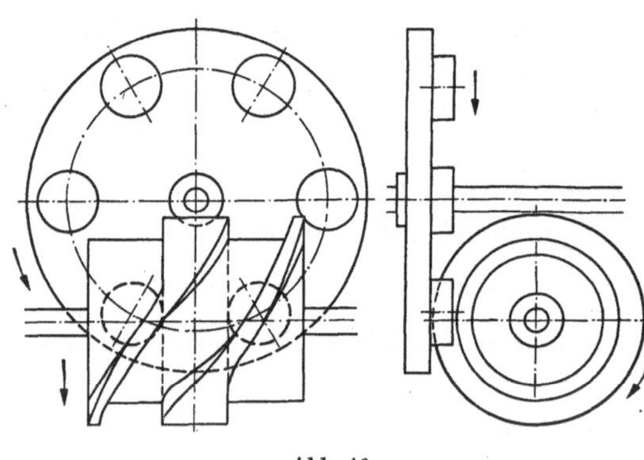

Abb. 46.
Aussetzendes Getriebe für sich kreuzende Achsen, $n = 6$, $v = \frac{1}{2}$.

Beispiel 14. Ein aussetzendes Getriebe für sich kreuzende Achsen mit $n = 24$ und $v = \frac{1}{4}$ (Abb. 41) ist zu entwerfen. Die getriebene Welle hat einen Durchmesser von 40 mm und sie soll das treibende Rad kreuzen; der Durchmesser der Rollen ist $d = 30$ mm.

Der Teilkreisdurchmesser der Rollen ist laut Gl. (64) $d_2 = \frac{2 \cdot 30}{\sin 7\frac{1}{2}^\circ} = 459{,}7$ mm. Da die Rippe dünner als 30 mm sein kann, möge d_2 etwas kleiner angenommen werden, zum Beispiel 450 mm. In diesem Falle ist die Länge der Sehne $h = 450$ mm $\sin 7\frac{1}{2}^\circ = 58{,}7$ mm und die Dicke der Rippe ist $r = 58{,}7 - 30 = 28{,}7$ mm. Die Achsenentfernung der treibenden und getriebenen Welle ist laut Gl. (63a) $= \frac{450}{4}(1 + \cos 7\frac{1}{2}^\circ) = 224$ mm. Dieser Wert kann auch auf

225 mm abgerundet werden. Die Achse der treibenden Welle liegt dann nicht in der Mitte zwischen den äußersten Stellungen der Rollen während deren Bewegung, sondern berührt den Teilzylinder der Rollen.

Das treibende Rad muß einen kleineren Durchmesser als $2a - 40 = 448 - 40 = 408$ mm haben, damit die getriebene Welle an ihm vorbeigehen kann. Der Durchmesser möge 400 mm sein. Das Verhältnis $\frac{d_1 \pi \nu}{d_2 \sin \frac{\pi}{n}} = \frac{400\,\pi \cdot \frac{1}{4}}{58{,}7} = 5{,}352$ und es gibt an, daß entweder eine gleichförmig beschleunigte und verzögerte oder eine harmonische Bewegung angewendet werden kann. Mit dem Hube der Rollen gleich 58,7 mm und der abgewickelten Länge des gekrümmten Teiles der Rippe gleich $\frac{400\,\pi}{4} = 314{,}16$ mm wird der größte Neigungswinkel der Rippe für die gleichförmig beschleunigte und verzögerte Bewegung $20^\circ\,30'$, da $\frac{2 \cdot 58{,}7}{314{,}16} = \operatorname{tg} 20^\circ 30'$ ist; für die harmonische Bewegung wird der größte Neigungswinkel der Rippe $16^\circ 22'$, da $\frac{2 \cdot 58{,}7}{400} = \operatorname{tg} 16^\circ 22'$ ist.

Der Anteil der Bewegung des getriebenen Rades in einer Umdrehung des treibenden Rades kann je nach dem Zwecke zwischen $\nu_{\max} = 1$ und $\nu_{\min} = 0$ gewählt werden, was den Werten $\varepsilon_{\max} = n$ und $\varepsilon_{\min} = 0$ entspricht. Im ersten Falle ist die Rippe durchaus gekrümmt und das getriebene Rad kommt zu keinem dauernden Stillstand. Im anderen Extremfalle ist das treibende Element eben und die Wirkungsweise ist mit der einer Zahnstange vergleichbar.

Das Prinzip der betrachteten Getriebe kann in verschiedener Weise abgeändert werden. Die treibende Trommel kann zum Beispiel derart konstruiert werden, daß die Rippe mehr als einen geraden und mehr als einen gekrümmten Teil hat, so daß das getriebene Rad mehr als eine Partialbewegung während einer Umdrehung des treibenden Rades macht. Man kann auch die einzelnen Partialbewegungen voneinander etwas verschieden machen.

Es ist angenommen worden, daß eine Rolle zwischen den Flanken zweier Teile der Rippe geführt wird und daß der gerade Teil der Rippe sperrend wirkt, wenn er zwischen zwei Rollen läuft. Die Anordnung kann auch derart umgekehrt werden, daß zwei Rollen von dem gekrümmten Rippenteile geführt werden und daß zwei gerade Rippenteile eine Rolle sperren.

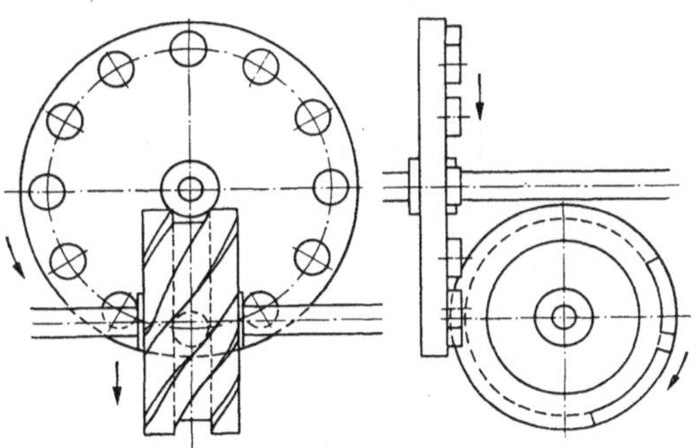

Abb. 47. Aussetzendes Getriebe für sich kreuzende Achsen, $n = 6$, $\nu = \frac{1}{2}$, mit einem zweigängigen treibenden Rade.

Eine Abänderung, welche keine Analogie in aussetzenden Getrieben für parallele Wellen hat, ist in Abb. 47 gezeigt. Dieses Getriebe ist gleichwertig mit dem in Abb. 46 dargestellten, da auch hier die Anzahl der Stationen $n = 6$ und $\nu = \frac{1}{2}$ ist. Die kinematischen Verhältnisse sind daher dieselben wie in Beisp. 13 (S. 54). Die Teilung der Rollen in Abb. 46 ist verhältnismäßig groß und das ganze Getriebe wirkt etwas schwerfällig.

Bei Schneckengetrieben werden mehrgängige Schnecken angewendet, um die Teilung zu verfeinern. Das getriebene Rad in Abb. 47 ist in ähnlicher Weise mit $2 \times 6 = 12$ Rollen ausgestattet, und es wird während jeder Schaltung um zwei Rollenteilungen weiterbewegt. Eine Verdoppelung der Rippe mit deren zwei gekrümmten Ästen wäre unvorteilhaft; anstatt dessen ist das treibende Rad mit einer Nute versehen, welche in der Mittellage eine Rolle sperrt. Am Anfange der Bewegung wird zuerst diese Rolle bewegt und die zwei folgenden Rollen treten nacheinander in Nuten des treibenden Rades ein. Am Ende der Bewegung haben die zwei ersten Rollen den Bereich des treibenden Rades verlassen; die dritte Rolle ist in die Mittellage gelangt und wird dort gesperrt. Die Konstruktion des abgewickelten treibenden Rades ist in Abb. 48 gezeigt.

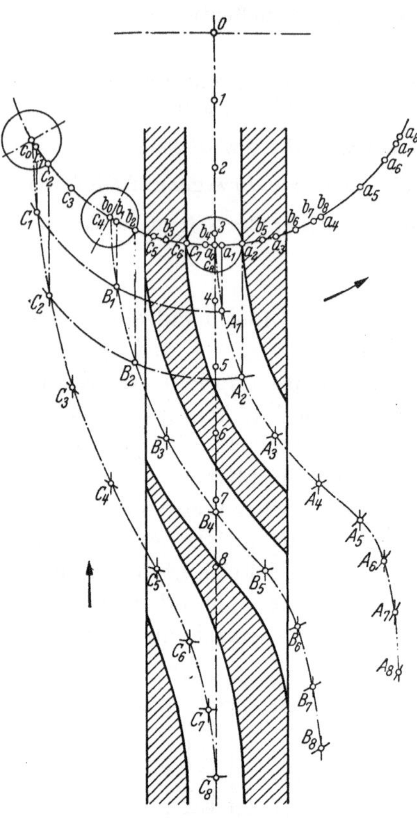

Abb. 48. Abwicklung des treibenden Rades des in Abb. 47 dargestellten Getriebes.

Der abgewickelte Teil des Umfanges des treibenden Rades, welcher zur Erteilung der Bewegung dient, wird zum Beispiel in 8 gleiche Teile geteilt, welche durch *0*, *1*... bis *8* gekennzeichnet sind. Der Teilkreis der getriebenen Rollen wird mit dem Mittelpunkte in *0* gezeichnet und die Mitten der drei wirksamen Rollen werden in den Stellungen a_0, b_0, und c_0 am Anfang der Bewegung angegeben. Der zwei Teilungen entsprechende Bogen $a_0 a_8$ wird in 8 ungleiche Teile geteilt, welche auf die in den Abb. 43 u. 44 gezeigte Weise erhalten und mit a_1, a_2 usw. bezeichnet werden. Die Wege der zweiten Rolle $b_0 b_8$ und der dritten Rolle $c_0 c_8$ werden in gleicher Weise geteilt und bezeichnet.

Durch die Punkte a_1, b_1 und c_1 werden Geraden parallel zur Richtung der Bewegung gezogen und ein Teilkreis der getriebenen Rollen mit dem Mittelpunkte in *1* beschrieben; die Schnittpunkte sind mit A_1, B_1 und C_1 bezeichnet. Derselbe Vorgang wird für die Stellungen *2* bis *8* wiederholt. Die Verbindungslinie der Punkte A, B und C sind die Mittellinie der Nuten.

Während der Periode des Stillstandes soll nur die Rolle in der Mittelebene des treibenden Rades geführt werden und das treibende Rad ist dementsprechend so schmal zu halten, daß die zwei Nachbarrollen während des Stillstandes von ihm nicht berührt werden. Die Rolle B tritt in den Bereich des treibenden Rades zwischen den Stellungen *2* und *3* ein, wenn die Rolle A noch in der Nut ist. Die Rolle C erreicht das treibende Rad zwischen den Stellungen *4* und *5*, wenn die Rolle B noch geführt wird. Die Rolle A hat inzwischen ihren Schlitz verlassen. Die Kontinuität der Bewegung ist somit trotz des verhältnismäßig schmalen Rades gewährleistet.

Die Umrisse werden in üblicher Weise in der Einhüllenden der Rollenlagen erhalten. Die Gestalt des treibenden Rades ist unsymmetrisch, und es hat zwei Schlitze, einen für die Rolle B und einen für die Rollen A und C.

Aussetzende Getriebe für sich kreuzende Achsen haben einige Merkmale mit Schnecken- und Schraubengetrieben gemeinsam. Ähnlich wie bei diesen rechts- und linksgängige Gewinde zur Erzielung der gewünschten Drehrichtung verwendet werden, kann die Rippe in zwei verschiedenen Richtungen geneigt sein. Wie bei Schneckengetrieben kann die treibende Welle waagrecht sein, sowohl wenn eine waagrechte als auch wenn eine senkrechte Welle angetrieben wird. Wie bei Schnecken- oder Schraubenrädergetrieben müssen Vorkehrungen für die Aufnahme des Axialdruckes getroffen werden.

VIII. Übersicht über aussetzende Getriebe.

Die Bewegung einer sich nur periodisch drehenden Welle ist durch die Partialbewegung (oder durch die Anzahl n der Stationen) und das Verhältnis ε der von dem treibenden und getriebenen Rade während der Periode der Bewegung zurückgelegten Winkel bestimmt.

Gln. (3) u. (3a) geben für Außen- und Innen-Malteserkreuzgetriebe lineare Beziehungen zwischen ε und n an. Die Werte von ε aus den Tab. 2 u. 3 liegen daher in dem Diagramme der Abb. 49 auf zwei Geraden, welche bei der kleinstmöglichen Anzahl von 3 Stationen beginnen. Bruchwerte von n, welche sich auf abgeänderte Getriebe beziehen, sind dabei unbeachtet gelassen.

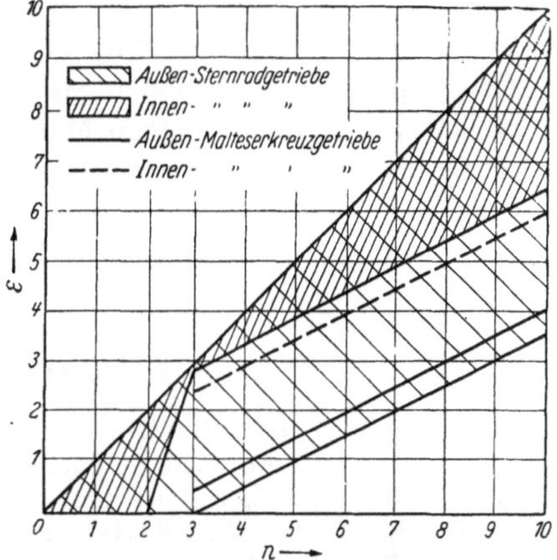

Abb. 49. Bereiche von ε der Malteserkreuz- und Sternradgetriebe in Abhängigkeit von n.

Die Gln. (28) u. (28a) geben an, daß ε für Außen- und Innen-Sternradgetriebe von n und μ abhängen, so daß es für jeden Wert von n eine Vielheit von Werten ε gibt. Die obere Grenze von ε ist laut Gl. (30) u. (30a) gleich n und diese Grenze erscheint in Abb. 49 als eine Gerade, welche durch den Ursprung geht und mit den Achsen Winkel von 45° einschließt. Die unteren Grenzen von ε sind durch Gln. (32) u. (32a) bestimmt. Die Werte von $\varepsilon_{\min}$ in den Tab. 4 u. 7 sind in Abb. 49 eingetragen und ihre Verbindungslinien (für praktische Zwecke sind es Gerade) geben die unteren Grenzen für ε an.

Man sieht aus Abb. 49, daß die Außen-Sternradgetriebe die vielseitigsten sind, da deren Gebiet die Gebiete der drei anderen dort betrachteten Getriebe einschließt. Außen-Malteserkreuzgetriebe, Innen-Malteserkreuzgetriebe und Innen-Sternradgetriebe nehmen verschiedene Gebiete ein und können daher einander nicht ersetzen.

Außen-Sternradgetriebe können demnach als ein Universalmittel für die Übertragung aussetzender Bewegung zwischen zwei parallelen Wellen betrachtet werden. Innen-Sternradgetriebe sind nicht nur nützlich, wo das Merkmal eines Innengetriebes wesentlich ist, sondern sind auch in vielen Fällen einfacher als gleichwertige Außen-Sternradgetriebe, da für sie eine bessere Aussicht besteht, daß man die Elemente für die Übertragung der gleichförmigen Bewegung weglassen kann. Außen-Malteserkreuze sind einfach zu konstruieren und herzustellen und sollten dort angewendet werden, wo der einzige Wert von ε für die jeweilige Anzahl der Stationen annehmbar ist. Innen-Malteserkreuzgetriebe haben eine eingeschränkte Anwendungsmöglichkeit, weil die hohen Werte von ε nur in besonderen Fällen mit den praktischen Erfordernissen in Einklang gebracht werden können.

Aussetzende Getriebe für sich kreuzende Achsen können für jeden Wert von ε zwischen 0 und n ausgeführt werden. Diese Getriebe umfassen somit ein noch weiteres Gebiet als die Außen-Sternradgetriebe und es können ihnen die günstigsten kinematischen Beziehungen zugrunde gelegt werden. Sie konkurrieren jedoch nicht mit Malteserkreuz- und Sternradgetrieben, da die Anzahl der Stationen nicht kleiner als 3 sein kann und praktisch nicht kleiner als 6 sein sollte. Sternradgetriebe sind verhältnismäßig einfach, wenn sie einen oder zwei Sperrschuhe haben, und die Schwierigkeiten und die Herstellungskosten steigen mit wachsender Anzahl der Stationen; dieser Nachteil gilt auch für Malteserkreuzgetriebe.

Wenn die Anordnung der Wellen nicht das ausschlaggebende Merkmal ist, hängt die Wahl zwischen Getrieben für parallele und solchen für sich kreuzende Wellen hauptsächlich von der Zahl der Stationen ab, und die zwei Gruppen der aussetzenden Getriebe ergänzen einander. Ohne eine feste Regel aufstellen zu wollen, möge das folgende Schema als ein Anhaltspunkt dienen:

Zwischen 1 und 3 Stationen Sternradgetriebe,
zwischen 4 und 6 Stationen Malteserkreuzgetriebe,
für 6 oder mehr Stationen Getriebe für sich kreuzende Achsen.

Die im Abschn. VI (S. 49) behandelten Kegelräder sollten nur angewendet werden, wenn sich schneidende Achsen nicht umgangen werden können.

Literaturverzeichnis.

Maschinenbau Bd. 6 (1927) S. 655. Grodzinski: Schaltgetriebe mit Kurvensteuerung.
— Bd. 8 (1929) S. 716. Alt: Kurventafeln zur graphischen Ermittlung von Sternradgetrieben.
— Bd. 9 (1930) S. 202. Alt: Regelmäßige und unregelmäßige Malteserkreuzgetriebe.
— (Betrieb) Bd. 5 (1937) S. 478. Bayer: Winkelbeschleunigung an Malteserkreuzgetrieben.
— — Bd. 6 (1938) S. 547. Anonym: Malteserkreuzgetriebe.
Machinery Vol. 20 (1925) S. 585. Cornock: The Geneva Mechanism.
— Vol. 33 (1929) S. 800. Anonym: Geneva Motion designed for sligt overtravel.
— Vol. 40 (1932) S. 714. W.P.W.: Inverse Geneva Motion.
— Vol. 47 (1936) S. 652. P.G.: Geneva Stop Mechanism of Modified Design.
Machinist Vol. 69 (1926) S. 705. Sassen: The Cam Indexing Motion.
Product Engineering Juli 1949 S. 110; August 1949 S. 109; Oktober 1949 S. 137; Januar 1950 S. 120; April 1950 S. 132. Rappaport: Kinematics of Intermittent Mechanisms.
— — August 1951 S. 183. Lengyel u. Church: Cycloidal Cam Charts for Maximum Pressure Angle.
Werkstattechnik Bd. 10 (1916) S. 229. Alt: Malteserkreuzgetriebe.
— Bd. 25 (1931) S. 314. Klaus: Die Beeinflussung der Bewegungsverhältnisse bei Malteserkreuzgetrieben.
— Bd. 26 (1932) S. 73 und 204. Anonym: Umlaufgetriebe zur Erzeugung regelmäßig aussetzender Bewegungen.
— Bd. 28 (1934) S. 132. Anonym: Schneckengetriebe mit Aussetzbewegung.
— Bd. 30 (1936) S. 336. Anonym: Maltesergetriebe mit verlängerter Dauer der Höchstgeschwindigkeit.
Zeitschrift d. VDI Bd. 73 (1929) S. 397. Bock: Sternradgetriebe.
— — Bd. 74 (1930) S. 265. Hoecken: Sternradgetriebe.

Tabellen-Anhang.

1. Winkelgeschwindigkeiten und deren Quadrate.
2. Außen-Malteserkreuzgetriebe.
3. Innen-Malteserkreuzgetriebe.
4. Extremwerte für Außen-Sternradgetriebe.
5. Beziehung zwischen μ und ε für Außen-Sternradgetriebe.
6. Extremwerte für Innen-Sternradgetriebe.
7. Beziehung zwischen μ und ε für Innen-Sternradgetriebe.
8. Außen-Sternradgetriebe.
9. Innen-Sternradgetriebe.

Tabelle 1. *Winkelgeschwindigkeiten und deren Quadrate für N U. p. M.*

N	$\frac{\pi}{30}N$	$\left(\frac{\pi}{30}N\right)^2$	N	$\frac{\pi}{30}N$	$\left(\frac{\pi}{30}N\right)^2$	N	$\frac{\pi}{30}N$	$\left(\frac{\pi}{30}N\right)^2$	N	$\frac{\pi}{30}N$	$\left(\frac{\pi}{30}N\right)^2$	N	$\frac{\pi}{30}N$	$\left(\frac{\pi}{30}N\right)^2$
1	0.1047	0.0110	26	2.7227	7.4132	52	5.4454	29.6527	105	10.996	120.90	260	27.277	741.32
2	0.2094	0.0439	27	2.8274	7.9943	54	5.6549	31.9771	110	11.519	132.69	270	28.274	799.43
3	0.3142	0.0987	28	2.9322	8.5976	56	5.8643	34.3908	115	12.043	145.03	280	29.322	859.76
4	0.4189	0.1755	29	3.0369	9.2228	58	6.0737	36.8908	120	12.566	157.91	290	30.369	922.28
5	0.5236	0.2742	30	3.1416	9.8696	60	6.2832	39.4782	125	13.090	171.35	300	31.416	986.96
6	0.6283	0.3948	31	3.2463	10.539	62	6.4926	42.1540	130	13.614	185.33	310	32.463	1053.85
7	0.7330	0.5373	32	3.3510	11.229	64	6.7021	44.9180	135	14.137	199.86	320	33.510	1122.95
8	0.8378	0.7018	33	3.4558	11.942	66	6.9115	47.7680	140	14.661	214.94	330	34.558	1194.22
9	0.9425	0.8883	34	3.5605	12.677	68	7.1209	50.7088	145	15.184	230.57	340	35.605	1267.71
10	1.0472	1.0964	35	3.6652	13.434	70	7.3305	53.7350	150	15.708	246.74	350	36.652	1343.37
11	1.1519	1.3269	36	3.7699	14.212	72	7.5398	56.8487	155	16.232	263.46	360	37.699	1421.23
12	1.2566	1.5791	37	3.8746	15.013	74	7.7493	60.0512	160	16.755	280.74	370	38.746	1501.28
13	1.3614	1.8533	38	3.9794	15.835	76	7.9587	63.3400	165	17.279	298.53	380	39.794	1583.50
14	1.4661	2.1494	39	4.0841	16.679	78	8.1681	66.7171	170	17.802	316.93	390	40.841	1667.92
15	1.5708	2.4674	40	4.1888	17.546	80	8.3776	70.1843	175	18.326	335.85	400	41.888	1754.60
16	1.6755	2.8074	41	4.2935	18.434	82	8.5870	73.7367	180	18.850	355.30	410	42.935	1843.39
17	1.7802	3.1693	42	4.3982	19.345	84	8.7965	77.3783	185	19.373	375.32	420	43.982	1934.45
18	1.8850	3.5530	43	4.5029	20.277	86	9.0059	81.1080	190	19.897	395.87	430	45.029	2027.68
19	1.9897	3.9587	44	4.6077	21.231	88	9.2153	84.9220	195	20.420	416.98	440	46.077	2123.05
20	2.0944	4.3865	45	4.7124	22.206	90	9.4248	88.8260	200	20.944	438.65	450	47.124	2220.65
21	2.1991	4.8361	46	4.8171	23.205	92	9.6342	92.8200	210	21.991	483.61	460	48.171	2320.47
22	2.3038	5.3076	47	4.9218	24.225	94	9.8437	99.1560	220	23.038	530.76	470	49.218	2422.50
23	2.4086	5.8013	48	5.0265	25.266	96	10.053	101.065	230	24.086	580.13	480	50.265	2526.61
24	2.5133	6.3166	49	5.1313	26.330	98	10.263	105.322	240	25.133	631.66	490	51.313	2633.01
25	2.6180	6.8540	50	5.2360	27.416	100	10.472	109.64	250	26.180	685.40	500	52.360	2741.56

Tabelle 2. *Außen-Malteserkreuzgetriebe.*

n Stationen	β_0 Gl. (1)	α_0 Gl. (2)	ε Gl. (3)	$\frac{r_1}{a}$ Gl. (4)	$\frac{r_2}{a}$ Gl. (5)	μ Gl. (6)	$\frac{s}{a}$ Gl. (7)	γ Gl. (8)	ν Gl. (9)	$\left(\frac{d\beta}{d\alpha}\right)_0$ Gl. (12)	$\left(\frac{d^2\beta}{d\alpha^2}\right)_{-\alpha_0}$ Gl. (14)	α_{max} Gl. (16)	$\left(\frac{d^2\beta}{d\alpha^2}\right)_{max}$ Gl. (17)	$\left(\frac{d^3\beta}{d\alpha^3}\right)_0$ Gl. (18)	m_{max} Gl. (19)
3	60°	30°	0.5	0.8660	0.5000	0.5774	0.13397	300°	0.16667	6.46	1.732	4° 46′	31.44	−672.0	6
4	45°	45°	1	0.7071	0.7071	1.0000	0.2929	270°	0.2500	2.41	1.000	11° 24′	5.409	− 48.04	4
5	36°	54°	1.5	0.5878	0.8090	1.3764	0.4122	252°	0.3000	1.43	0,7265	17° 34′	2.299	− 13.32	3
6	30°	60°	2	0.5000	0.8660	1.7320	0.5000	240°	0.3333	1.00	0.5774	22° 54′	1.350	− 6.000	3
7	25° 43′	64° 17′	2.5	0.4339	0.9009	2.0765	0.5661	231° 26′	0.3571	0.766	0.4816	27° 33′	0.9284	− 3.429	2
8	22° 30′	67° 30′	3	0.3827	0.9239	2.4142	0.6173	225°	0.3750	0.620	0.4142	31° 38′	0.6998	− 2.249	2
9	20°	70°	3.5	0.3420	0.9397	2.7475	0.6580	220°	0.3889	0.520	0.3640	35° 16′	0.5591	− 1.611	2
10	18°	72°	4	0.3090	0.9511	3.0777	0.6910	216°	0.4000	0.447	0.3249	38° 30′	0.4648	− 1.236	2
∞	0°	90°	∞	0	1	∞	1	180°	0.5000	0	0	90°	0	0	2

Tabelle 3. *Innen-Malteserkreuzgetriebe.*

n Stationen	β_0 Gl. (1a)	α_0 Gl. (2a)	ε Gl. (3a)	$\frac{r_1}{a}$ Gl. (4a)	$\frac{r_2}{a}$ Gl. (5a)	μ Gl. (6a)	$\frac{s}{a}$ Gl. (7a)	γ Gl. (8a)	ν Gl. (9a)	$\left(\frac{d\beta}{d\alpha}\right)_0$ Gl. (12a)	$\left(\frac{d^2\beta}{d\alpha^2}\right)_{-\alpha_0}$ Gl. (14a)	$\left(\frac{d^3\beta}{d\alpha^3}\right)_0$ Gl. (18a)
3	60°	150°	2.5	0.8660	0.5000	0.5774	1.8660	60°	0.8333	0.464	1.732	0.01786
4	45°	135°	3	0.7071	0.7071	1.0000	1.7071	90°	0.7500	0.414	1.000	0.04163
5	36°	126°	3.5	0.5878	0.8090	1.3764	1.5878	108°	0.7000	0.370	0.7265	0.06053
6	30°	120°	4	0.5000	0.8660	1.7320	1.5000	120°	0.6667	0.333	0.5774	0.07475
7	25° 43′	115° 43′	4.5	0.4339	0.9009	2.0765	1.4339	128° 34′	0.6429	0.303	0.4816	0.08332
8	22° 30′	112° 30′	5	0.3827	0.9239	2.4142	1.3827	135°	0.6250	0.277	0.4142	0.08936
9	20°	110°	5.5	0.3420	0.9397	2.7475	1.3420	140°	0.6111	0.255	0.3640	0.09313
10	18°	108°	6	0.3090	0.9511	3.0777	1.3090	144°	0.6000	0.236	0.3249	0.09519
∞	0°	90°	∞	0	1	∞	1	180°	0.5000	0	0	0

Tabelle 4. *Extremwerte für Außen-Sternradgetriebe.*

n Stationen	ε_{max} Gl. (30)	μ_{max} Gl. (31)	ε_{min} Gl. (32)	μ_{min} Gl. (33)	m_{max} Gl. (49)
1	1	0.9388	0	0	∞
2	2	1.8406	0	0	∞
3	3	2.7336	0.03373	0.02411	88
4	4	3.6233	0.5419	0.3943	7
5	5	4.5114	1.0467	0.7696	4
6	6	5.3983	1.5486	1.1483	3
7	7	6.2840	2.0518	1.5280	3
8	8	7.1709	2.5482	1.9092	3
9	9	8.0569	3.0555	2.2911	2
10	10	8.9430	3.5565	2.6731	2

Tabelle 5. *Beziehung zwischen μ und ε für Außen-Sternradgetriebe.*

ε	μ									
	$n=1$	$n=2$	$n=3$	$n=4$	$n=5$	$n=6$	$n=7$	$n=8$	$n=9$	$n=10$
1/8=0.12500	0.11152	0.10043	0.09121	.....	.....	.....	.....	.....	.....	.....
1/7=0.14286	0.12767	0.11512	0.10464	.....	.....	.....	.....	.....	.....	.....
1/6=0.16667	0.14930	0.13483	0.12268	.....	.....	.....	.....	.....	.....	.....
1/5=0.2000	0.17970	0.16264	0.14821	.....	.....	.....	.....	.....	.....	.....
1/4=0.2500	0.2256	0.2048	0.18706	.....	.....	.....	.....	.....	.....	.....
1/3=0.3333	0.3027	0.2762	0.2532	.....	.....	.....	.....	.....	.....	.....
3/8=0.3750	0.3416	0.3124	0.2869	.....	.....	.....	.....	.....	.....	.....
2/5=0.4000	0.3650	0.3343	0.3073	.....	.....	.....	.....	.....	.....	.....
1/2=0.5000	0.4591	0.4226	0.3901	.....	.....	.....	.....	.....	.....	.....
3/5=0.6000	0.5540	0.5122	0.4747	0.4407	.....	.....	.....	.....	.....	.....
5/8=0.6250	0.5778	0.5350	0.4962	0.4611	.....	.....	.....	.....	.....	.....
2/3=0.6667	0.6176	0.5728	0.5322	0.4952	.....	.....	.....	.....	.....	.....
3/4=0.7500	0.6975	0.6491	0.6047	0.5641	.....	.....	.....	.....	.....	.....
4/5=0.8000	0.7455	0.6951	0.6487	0.6060	.....	.....	.....	.....	.....	.....
5/6=0.8333	0.7776	0.7259	0.6782	0.6341	.....	.....	.....	.....	.....	.....
1=1.0000	0.9388	0.8813	0.8275	0.7773	.....	.....	.....	.....	.....	.....
1-1/2=1.5000	.....	1.3567	1.2892	1.2248	1.1633	.....	.....	.....	.....	.....
2=2.0000	.....	1.8406	1.7641	1.6901	1.6185	1.5484	.....	.....	.....	.....
2-1/2=2.5000	.....	.....	2.2466	2.1654	2.0863	2.0090	1.9334	.....	.....	.....
3=3.0000	.....	.....	2.7336	2.6477	2.5633	2.4800	2.3984	2.3185	.....	.....
3-1/2=3.5000	.....	.....	.....	3.1341	3.0470	2.9577	2.8715	2.7866	2.7034	.....
4=4.0000	.....	.....	.....	3.6233	3.5317	3.4392	3.3504	3.2620	3.1741	3.0878
4-1/2=4.5000	.....	.....	.....	.....	4.0200	3.9267	3.8342	3.7418	3.6513	3.5609
5=5.0000	.....	.....	.....	.....	4.5114	4.4150	4.3203	4.2261	4.1329	4.0400
6=6.0000	.....	.....	.....	.....	.....	5.3983	5.2994	5.2009	5.1000	5.0069
7=7.0000	.....	.....	.....	.....	.....	.....	6.2840	6.1837	6.0834	5.9850
8=8.0000	.....	.....	.....	.....	.....	.....	.....	7.1709	7.0675	6.9663
9=9.0000	.....	.....	.....	.....	.....	.....	.....	.....	8.0569	7.9520
10=10.0000	.....	.....	.....	.....	.....	.....	.....	.....	.....	8.9430

Tabelle 6. *Extremwerte für Innen-Sternradgetriebe.*

n Stationen	ε_{max} Gl. (30a, b)	μ_{max} Gl. (31a, b)	ε_{min} Gl. (32a, b)	μ_{min} Gl. (33a, b)	m_{max} Gl. (49a, b)
1	1	0.6302	0	0	∞
2	2	0.6340	0	0	∞
3	3	2.5420	2.8955	2.4399	1
4	4	3.4142	3.4056	2.7980	1
5	5	4.3011	3.9112	3.1676	1
6	6	5.1882	4.4154	3.5434	1
7	7	6.0748	4.9179	3.9219	1
8	8	6.9620	5.4201	4.3011	1
9	9	7.8479	5.9214	4.6830	1
10	10	8.7330	6.4227	5.0643	1

Tabelle 7. *Beziehung zwischen μ und ε für Innen-Sternradgetriebe.*

ε	μ									
	$n=1$	$n=2$	$n=3$	$n=4$	$n=5$	$n=6$	$n=7$	$n=8$	$n=9$	$n=10$
1/8 = 0.12500	0.10810	0.09518	.....	.....	.....	.....	.....	.....	.....	.....
1/7 = 0.14286	0.12320	0.10833	.....	.....	.....	.....	.....	.....	.....	.....
1/6 = 0.16667	0.14318	0.12567	.....	.....	.....	.....	.....	.....	.....	.....
1/5 = 0.2000	0.17085	0.14958	.....	.....	.....	.....	.....	.....	.....	.....
1/4 = 0.2500	0.2116	0.18459	.....	.....	.....	.....	.....	.....	.....	.....
1/3 = 0.3333	0.2773	0.2405	.....	.....	.....	.....	.....	.....	.....	.....
3/8 = 0.3750	0.3089	0.2672	.....	.....	.....	.....	.....	.....	.....	.....
2/5 = 0.4000	0.3275	0.2828	.....	.....	.....	.....	.....	.....	.....	.....
1/2 = 0.5000	0.3980	0.3420	.....	.....	.....	.....	.....	.....	.....	.....
3/5 = 0.6000	0.4618	0.3957	.....	.....	.....	.....	.....	.....	.....	.....
5/8 = 0.6250	0.4766	0.4082	.....	.....	.....	.....	.....	.....	.....	.....
2/3 = 0.6667	0.5000	0.4283	.....	.....	.....	.....	.....	.....	.....	.....
3/4 = 0.7500	0.5422	0.4654	.....	.....	.....	.....	.....	.....	.....	.....
4/5 = 0.8000	0.5646	0.4858	.....	.....	.....	.....	.....	.....	.....	.....
5/6 = 0.8333	0.5781	0.5000	.....	.....	.....	.....	.....	.....	.....	.....
1 = 1.0000	0.6302	0.5534	.....	.....	.....	.....	.....	.....	.....	.....
3 = 3.0000	.....	.....	2.5420	.....	.....	.....	.....	.....	.....	.....
3-1/2 = 3.5000	.....	.....	.....	2.8953	.....	.....	.....	.....	.....	.....
4 = 4 0000	.....	.....	.....	3.4142	3.2609	.....	.....	.....	.....	.....
4-1/2 = 4.5000	.....	.....	.....	.....	3.7832	3.6329	.....	.....	.....	.....
5 = 5.0000	.....	.....	.....	.....	4.3011	4.1558	4.0082	.....	.....	.....
6 = 6.0000	.....	.....	.....	.....	.....	5.1882	5.0491	4.9080	4.7652	.....
7 = 7.0000	.....	.....	.....	.....	.....	.....	6.0748	5.9398	5.8042	5.6664
8 = 8.0000	.....	.....	.....	.....	.....	.....	.....	6.9620	6.8291	6.6957
9 = 9.0000	.....	.....	.....	.....	.....	.....	.....	.....	7.8479	7.7168
10 = 10.0000	.....	.....	.....	.....	.....	.....	.....	.....	.....	8.7330

Tabelle 8.

μ	α_0 Gl. (21)	φ_0 Gl. (22)	β_0 Gl. (23)	$\frac{r_1}{a}$ Gl. (24)	$\frac{r_2}{a}$ Gl. (25)	$\frac{s}{a}$ Gl. (26)	$\frac{\varrho_0}{a}$ Gl. (27)
0.00	0°	45°	32°42′	1	0	0	0
0.02	1° 7′	44° 9′	32° 9′	0.9804	0.01961	0.01922	0.02759
0.04	2°12′	43°21′	31°36′	0.9615	0.03846	0.03698	0.05387
0.06	3°15′	42°34′	31° 5′	0.9434	0.05660	0.05340	0.07891
0.08	4°15′	41°49′	30°34′	0.9259	0.07407	0.06859	0.10280
0.10	5°13′	41° 6′	30° 5′	0.9091	0.09091	0.08264	0.12561
0.12	6° 9′	40°24′	29°36′	0.8929	0.10714	0.09566	0.14741
0.14	7° 2′	39°43′	29° 9′	0.8772	0.12281	0.10773	0.16827
0.16	7°55′	39° 4′	28°42′	0.8621	0.13793	0.11891	0.18822
0.18	8°45′	38°27′	28°17′	0.8475	0.15254	0.12927	0.2074
0.20	9°34′	37°50′	27°52′	0.8333	0.16667	0.13889	0.2257
0.22	10°21′	37°14′	27°27′	0.8197	0.18033	0.14781	0.2432
0.24	11° 6′	36°40′	27° 4′	0.8065	0.19355	0.15609	0.2601
0.26	11°51′	36° 7′	26°41′	0.7937	0.2063	0.16377	0.2764
0.28	12°34′	35°35′	26°19′	0.7813	0.2187	0.17090	0.2920
0.30	13°15′	35° 4′	25°57′	0.7692	0.2308	0.17752	0.3070
0.32	13°55′	34°33′	25°36′	0.7576	0.2424	0.18793	0.3214
0.34	14°35′	34° 4′	25°16′	0.7463	0.2537	0.18936	0.3353
0.36	15°13′	33°36′	24°56′	0.7353	0.2647	0.19463	0.3487
0.38	15°50′	33° 8′	24°37′	0.7246	0.2754	0.19954	0.3616
0.40	16°26′	32°41′	24°18′	0.7143	0.2857	0.2041	0.3740
0.42	17° 1′	32°14′	23°59′	0.7042	0.2958	0.2083	0.3861
0.44	17°35′	31°49′	23°41′	0.6944	0.3056	0.2122	0.3978
0.46	18° 8′	31°24′	23°24′	0.6849	0.3151	0.2158	0.4090
0.48	18°48′	31° 0′	23° 7′	0.6757	0.3243	0.2191	0.4198
0.50	19°11′	30°36′	22°50′	0.6667	0.3333	0.2222	0.4303
0.52	19°42′	30°13′	22°34′	0.6579	0.3421	0.2251	0.4405
0.54	20°12′	29°51′	22°19′	0.6494	0.3506	0.2277	0.4504
0.56	20°41′	29°29′	22° 3′	0.6410	0.3590	0.2301	0.4599
0.58	21° 9′	29° 8′	21°48′	0.6329	0.3671	0.2323	0.4691
0.60	21°37′	28°47′	21°33′	0.6250	0.3750	0.2344	0.4780
0.62	22° 4′	28°27′	21°19′	0.6173	0.3827	0.2362	0.4867
0.64	22°30′	28° 7′	21° 5′	0.6098	0.3902	0.2380	0.4951
0.66	22°56′	27°48′	20°52′	0.6024	0.3976	0.2395	0.5033
0.68	23°21′	27°29′	20°38′	0.5952	0.4048	0.2409	0.5113
0.70	23°46′	27°11′	20°25′	0.5882	0.4118	0.2422	0.5190
0.72	24°10′	26°53′	20°12′	0.5814	0.4186	0.2434	0.5265
0.74	24°33′	26°35′	19°59′	0.5747	0.4253	0.2444	0.5337
0.76	24°56′	26°18′	19°47′	0.5682	0.4318	0.2453	0.5407
0.78	25°19′	26° 1′	19°35′	0.5618	0.4382	0.2462	0.5476
0.80	25°41′	25°44′	19°23′	0.5556	0.4444	0.2469	0.5543
0.82	26° 2′	25°28′	19°11′	0.5495	0.4505	0.2476	0.5608
0.84	26°23′	25°12′	19° 0′	0.5435	0.4565	0.2481	0.5671
0.86	26°44′	24°57′	18°49′	0.5376	0.4624	0.2486	0.5733
0.88	27° 4′	24°42′	18°38′	0.5319	0.4681	0.2490	0.5794
0.90	27°24′	24°27′	18°28′	0.5263	0.4737	0.2493	0.5852
0.92	27°43′	24°12′	18°17′	0.5208	0.4792	0.2496	0.5909
0.94	28° 2′	23°58′	18° 6′	0.5155	0.4845	0.2498	0.5964
0.96	28°21′	23°44′	17°56′	0.5102	0.4898	0.2499	0.6019
0.98	28°39′	23°30′	17°46′	0.5051	0.4949	0.2500	0.6071
1.00	28°57′	23°17′	17°37′	0.5000	0.5000	0.2500	0.6123

Außen-Sternradgetriebe.

ε (für n_{min}) Gl. (28)	ν (für n_{min}) Gl. (35)	γ (für n_{min}) Gl. (39)	n_{min}	$\left(\frac{d\beta}{d\alpha}\right)_0$ Gl. (43)	$\left(\frac{d^2\beta}{d\alpha^2}\right)_{-\alpha_0}$ Gl. (45)	α_{max} Gl. (47)	$\left(\frac{d^2\beta}{d\alpha^2}\right)_{max}$ Gl. (48)
0	0	360°	1	∞	∞	0°	∞
0.02267	0.02267	351°50′	1	50.00	2575	0°38′	3338
0.04522	0.04522	343°47′	1	25.00	662.6	1°16′	834.8
0.06766	0.06766	335°39′	1	16.67	302.9	1°54′	382.5
0.0900	0.0900	327°36′	1	12.50	175.1	2°32′	219.1
0.11224	0.11224	319°36′	1	10.00	115.1	3° 9′	142.5
0.13438	0.13438	311°37′	1	8.33	82.06	3°45′	101.3
0.15645	0.15645	303°41′	1	7.14	61.85	4°20′	75.65
0.17843	0.17843	295°46′	1	6.25	48.55	4°54′	58.93
0.2003	0.2003	287°53′	1	5.56	39.31	5°28′	47.41
0.2222	0.2222	280° 1′	1	5.00	32.61	6° 2′	39.10
0.2439	0.2439	272°11′	1	4.54	27.59	6°35′	32.86
0.2656	0.2656	264°23′	1	4.17	23.72	7° 7′	28.06
0.2873	0.2873	256°35′	1	3.85	20.67	7°39′	24.32
0.3088	0.3088	248°49′	1	3.57	18.22	8°10′	21.32
0.3304	0.3304	241° 4′	1	3.33	16.23	8°41′	18.87
0.3518	0.3518	233°20′	1	3.13	14.56	9°11′	16.85
0.3733	0.3733	225°37′	1	2.94	13.17	9°41′	15.16
0.3946	0.3946	217°56′	1	2.78	11.99	10°10′	13.74
0.4160	0.4160	210°15′	1	2.63	10.98	10°39′	12.52
0.4373	0.4373	202°35′	1	2.50	10.10	11° 8′	11.47
0.4585	0.4585	194°56′	1	2.38	9.343	11°36′	10.57
0.4797	0.4797	187°18′	1	2.27	8.676	12° 4′	9.767
0.5009	0.5009	179°40′	1	2.17	8.088	12°31′	9.069
0.5221	0.5221	172° 4′	1	2.08	7.565	12°58′	8.450
0.5432	0.5432	164°28′	1	2.00	7.099	13°25′	7.900
0.5642	0.5642	156°53′	1	1.92	6.681	13°52′	7.409
0.5853	0.5853	149°18′	1	1.85	6.305	14°18′	6.966
0.6063	0.6063	141°44′	1	1.79	5.964	14°43′	6.567
0.6273	0.6273	134°11′	1	1.72	5.655	15° 8′	6.207
0.6482	0.6482	126°38′	1	1.67	5.373	15°33′	5.879
0.6692	0.6692	119° 6′	1	1.61	5.115	15°57′	5.580
0.6901	0.6901	111°35′	1	1.56	4.879	16°21′	5.306
0.7109	0.7109	104° 5′	1	1.52	4.662	16°45′	5.055
0.7318	0.7318	96°33′	1	1.47	4.461	17° 9′	4.824
0.7526	0.7526	89° 3′	1	1.43	4.275	17°33′	4.611
0.7734	0.7734	81°34′	1	1.39	4.103	17°56′	4.414
0.7942	0.7942	74° 4′	1	1.35	3.943	18°19′	4.231
0.8150	0.8150	66°35′	1	1.32	3.794	18°42′	4.062
0.8358	0.8358	59° 7′	1	1.28	3.656	19° 4′	3.904
0.8565	0.8565	51°39′	1	1.25	3.526	19°26′	3.757
0.8772	0.8772	44°12′	1	1.22	3.404	19°48′	3.619
0.8979	0.8979	36°44′	1	1.19	3.290	20° 9′	3.491
0.9186	0.9186	29°17′	1	1.16	3.182	20°30′	3.370
0.9393	0.9393	21°51′	1	1.14	3.081	20°52′	3.256
0.9600	0.9600	14°25′	1	1.11	2.986	21°13′	3.149
0.9806	0.9806	6°59′	1	1.09	2.896	21°34′	3.049
1.0625	0.5312	168°46′	2	1.06	2.811	21°54′	2.954
1.0837	0.5418	164°56′	2	1.04	2.730	22°14′	2.864
1.1049	0.5524	161° 8′	2	1.02	2.654	22°34′	2.779
1.1260	0.5630	157°19′	2	1.00	2.582	22°54′	2.699

Tabelle 8.

μ	α_0 Gl. (21)	φ_0 Gl. (22)	β_0 Gl. (23)	$\frac{r_1}{a}$ Gl. (24)	$\frac{r_2}{a}$ Gl. (25)	$\frac{s}{a}$ Gl. (26)	$\frac{\varrho_0}{a}$ Gl. (27)
1.1	30°22′	22°14′	16°51′	0.4762	0.5238	0.2494	0.6364
1.2	31°39′	21°16′	16° 9′	0.4545	0.5455	0.2479	0.6578
1.3	32°50′	20°23′	15°30′	0.4348	0.5625	0.2457	0.6770
1.4	33°55′	19°34′	14°54′	0.4167	0.5833	0.2431	0.6943
1.5	34°55′	18°49′	14°21′	0.4000	0.6000	0.2400	0.7099
1.6	35°50′	18° 7′	13°50′	0.3846	0.6154	0.2367	0.7241
1.7	36°42′	17°29′	13°22′	0.3704	0.6296	0.2332	0.7371
1.8	37°30′	16°53′	12°55′	0.3571	0.6429	0.2296	0.7489
1.9	38°15′	16°19′	12°30′	0.3448	0.6552	0.2259	0.7598
2.0	38°57′	15°48′	12° 7′	0.3333	0.6667	0.2222	0.7698
2.2	40°13′	14°50′	11°24′	0.3125	0.6875	0.2148	0.7875
2.4	41°20′	14° 0′	10°47′	0.2941	0.7059	0.2076	0.8030
2.6	42°20′	13°15′	10°13′	0.2778	0.7222	0.2006	0.8164
2.8	43°14′	12°34′	9°42′	0.2632	0.7368	0.19391	0.8281
3.0	44°03′	11°58′	9°15′	0.2500	0.7500	0.18750	0.8386
3.2	44°47′	11°25′	8°50′	0.2381	0.7619	0.18140	0.8478
3.4	45°27′	10°55′	8°27′	0.2273	0.7727	0.17562	0.8561
3.6	46° 4′	10°27′	8° 6′	0.2174	0.7826	0.17013	0.8635
3.8	46°38′	10° 2′	7°47′	0.2083	0.7917	0.16493	0.8702
4.0	47° 9′	9°38′	7°29′	0.2000	0.8000	0.16000	0.8764
4.2	47°38′	9°16′	7°12′	0.19231	0.8077	0.15533	0.8819
4.4	48° 5′	8°56′	6°57′	0.18519	0.8148	0.15089	0.8870
4.6	48°30′	8°37′	6°42′	0.17857	0.8214	0.14668	0.8917
4.8	48°53′	8°20′	6°29′	0.17241	0.8276	0.14269	0.8961
5.0	49°15′	8° 4′	6°17′	0.16667	0.8333	0.13889	0.9001
5.2	49°35′	7°49′	6° 5′	0.16129	0.8387	0.13528	0.9038
5.4	49°54′	7°34′	5°54′	0.15625	0.8437	0.13183	0.9072
5.6	50°12′	7°21′	5°44′	0.15152	0.8485	0.12856	0.9105
5.8	50°29′	7° 8′	5°34′	0.14706	0.8529	0.12543	0.9135
6.0	50°45′	6°56′	5°24′	0.14286	0.8571	0.12245	0.9162
6.2	51° 0′	6°45′	5°16′	0.13889	0.8611	0.12239	0.9190
6.4	51°15′	6°34′	5° 8′	0.13514	0.8649	0.11688	0.9215
6.6	51°28′	6°24′	5° 0′	0.13158	0.8684	0.11427	0.9238
6.8	51°41′	6°14′	4°52′	0.12821	0.8718	0.11177	0.9260
7.0	51°53′	6° 5′	4°45′	0.12500	0.8750	0.10938	0.9280
7.2	52° 5′	5°56′	4°38′	0.12195	0.8781	0.10708	0.9300
7.4	52°16′	5°48′	4°32′	0.11905	0.8809	0.10487	0.9319
7.6	52°27′	5°40′	4°26′	0.11628	0.8837	0.10276	0.9337
7.8	52°37′	5°32′	4°20′	0.11364	0.8864	0.10072	0.9353
8.0	52°47′	5°25′	4°15′	0.11111	0.8889	0.09877	0.9370
8.2	52°56′	5°18′	4° 9′	0.10870	0.8913	0.09688	0.9385
8.4	53° 5′	5°11′	4° 4′	0.10638	0.8936	0.09507	0.9400
8.6	53°13′	5° 5′	3°59′	0.10417	0.8958	0.09332	0.9413
8.8	53°21′	4°59′	3°54′	0.10204	0.8980	0.09163	0.9427
∞	60°	0°	0°	0	1	0	1

(Fortsetzung.)

ε für n_{min} Gl. (28)	ν für n_{min} Gl. (35)	γ für n_{min} Gl. (39)	n_{min}	$\left(\frac{d\beta}{d\alpha}\right)_0$ Gl. (43)	$\left(\frac{d^2\beta}{d\alpha^2}\right)_{-\alpha_0}$ Gl. (45)	α_{max} Gl. (47)	$\left(\frac{d^2\beta}{d\alpha^2}\right)_{max}$ Gl. (48)
1.2315	0.6158	138°19′	2	0.909	2.270	24°29′	2.355
1.3365	0.6682	119°26′	2	0.833	2.021	26° 2′	2.084
1.4410	0.7205	100°38′	2	0.769	1.820	27°30′	1.866
1.5451	0.7725	81°53′	2	0.714	1.654	28°53′	1.688
1.6488	0.8244	63°13′	2	0.667	1.514	30°12′	1.540
1.7522	0.8761	44°36′	2	0.625	1.395	31°28′	1.414
1.8554	0.9277	26° 2′	2	0.588	1.294	32°42′	1.308
1.9583	0.9792	7°31′	2	0.556	1.206	33°52′	1.216
2.1414	0.7138	103° 2′	3	0.526	1.129	35° 0′	1.136
2.2453	0.7484	90°34′	3	0.500	1.061	36° 5′	1.065
2.4520	0.8173	65°46′	3	0.455	0.9461	38° 8′	0.9481
2.6579	0.8860	31° 3′	3	0.417	0.8536	40° 3′	0.8542
2.8628	0.9543	6°26′	3	0.385	0.7773	41°50′	0.7774
3.1571	0.7893	75°52′	4	0.357	0.7134	.....	.....
3.3626	0.8406	57°22′	4	0.333	0.6592	.....	.....
3.5675	0.8919	38°56′	4	0.313	0.6126	.....	.....
3.7722	0.9430	20°31′	4	0.294	0.5721	.....	.....
3.9763	0.9941	2° 8′	4	0.278	0.5366	.....	.....
4.2750	0.8550	52°13′	5	0.263	0.5052	.....	.....
4.4792	0.8958	37°30′	5	0.250	0.4774	.....	.....
4.6832	0.9366	22°49′	5	0.238	0.4524	.....	.....
4.8868	0.9774	8° 9′	5	0.227	0.4298	.....	.....
5.1883	0.8647	48°42′	6	0.217	0.4094	.....	.....
5.3921	0.8987	36°30′	6	0.208	0.3909	.....	.....
5.5952	0.9326	24°17′	6	0.200	0.3740	.....	.....
5.7985	0.9664	12° 5′	6	0.192	0.3585	.....	.....
6.1018	0.8719	46°12′	7	0.185	0.3442	.....	.....
6.3057	0.9008	35°42′	7	0.179	0.3310	.....	.....
6.5086	0.9297	25°17′	7	0.172	0.3188	.....	.....
6.7110	0.9588	14°52′	7	0.167	0.3075	.....	.....
6.9145	0.9878	4°24′	7	0.161	0.2969	.....	.....
7.2200	0.9025	35° 7′	8	0.156	0.2870	.....	.....
7.4225	0.9278	25°59′	8	0.152	0.2778	.....	.....
7.6253	0.9532	16°52′	8	0.147	0.2691	.....	.....
7.8280	0.9785	7°45′	8	0.143	0.2610	.....	.....
8.1331	0.9037	34°39′	9	0.139	0.2533	.....	.....
8.3350	0.9261	26°34′	9	0.135	0.2461	.....	.....
8.5375	0.9487	18°29′	9	0.132	0.2393	.....	.....
8.7408	0.9712	10°23′	9	0.128	0.2329	.....	.....
8.9436	0.9937	2°16′	9	0.125	0.2268	.....	.....
9.2491	0.9250	27° 2′	10	0.122	0.2210	.....	.....
9.4530	0.9453	19°44′	10	0.119	0.2154	.....	.....
9.6544	0.9654	12°26′	10	0.116	0.2102	.....	.....
9.8570	0.9857	5° 8′	10	0.114	0.2052	.....	.....
∞	0	0°	∞	0	0	.....	.....

Tabelle 9. *Innen-Sternradgetriebe.*

μ	α_0	φ_0	β_0	$\frac{r_1}{a}$	$\frac{r_2}{a}$	$\frac{s}{a}$	$\frac{\varrho_0}{a}$	ε (für n_{min})	ν (für n_{min})	γ (für n_{min})	n_{min}	$\left(\frac{d\beta}{d\alpha}\right)_0$	$\left(\frac{d^2\beta}{d\alpha^2}\right)_{-\alpha_0}$	α_{max}	$\left(\frac{d^2\beta}{d\alpha^2}\right)_{max}$
	Gl. (21a)	Gl. (22a)	Gl. (23a)	Gl. (24a)	Gl. (25a)	Gl. (26a)	Gl. (27a)	Gl. (28a)	Gl. (35a)	Gl. (39a)		Gl. (43a, b)	Gl. (45a)	Gl. (47a)	Gl. (48a)
0.00	0°	45°	32°42′	1	0	0	0	0	0	360°	1	∞	∞	0°	∞
0.02	1°10′	45°52′	33°17′	1.0204	0.02041	0.02082	0.02901	0.02280	0.02280	351°48′	1	50.00	24.25	0°39′	3051
0.04	2°23′	46°47′	33°53′	1.0417	0.04167	0.04340	0.05953	0.04573	0.04573	343°32′	1	25.00	587.6	1°20′	780.5
0.06	3°39′	47°44′	34°31′	1.0638	0.06383	0.06790	0.09170	0.06881	0.06881	335°14′	1	16.67	252.9	2° 2′	339.2
0.08	4°59′	48°44′	35°11′	1.0870	0.08696	0.09452	0.12563	0.09205	0.09205	326°52′	1	12.50	137.6	2°45′	187.0
0.10	6°22′	49°47′	35°52′	1.1111	0.11111	0.12346	0.16147	0.11546	0.11546	318°26′	1	10.00	85.13	3°29′	116.9
0.12	7°49′	50°52′	36°34′	1.1364	0.13636	0.15496	0.19933	0.13906	0.13906	309°56′	1	8.33	57.08	4°14′	79.25
0.14	9°20′	52° 0′	37°19′	1.1628	0.16279	0.18929	0.2394	0.16286	0.16286	301°22′	1	7.14	40.44	4°59′	57.03
0.16	10°55′	53°12′	38° 5′	1.1905	0.19048	0.2268	0.2819	0.18687	0.18687	292°44′	1	6.25	29.82	5°46′	42.69
0.18	12°36′	54°27′	38°53′	1.2120	0.2120	0.2677	0.3270	0.2110	0.2110	284° 0′	1	5.56	22.67	6°34′	33.01
0.20	14°22′	55°46′	39°44′	1.2500	0.2500	0.3125	0.3749	0.2356	0.2356	275°10′	1	5.00	17.64	7°23′	26.06
0.22	16°13′	57°10′	40°37′	1.2821	0.2821	0.3616	0.4260	0.2604	0.2604	266°15′	1	4.55	13.98	8°13′	21.03
0.24	18°10′	58°38′	41°33′	1.3158	0.3158	0.4155	0.4806	0.2856	0.2856	257°12′	1	4.17	11.25	9° 5′	17.24
0.26	20°14′	60°11′	42°32′	1.3514	0.3514	0.4748	0.5389	0.3110	0.3110	248° 2′	1	3.85	9.179	9°58′	14.31
0.28	22°25′	61°49′	43°33′	1.3889	0.3889	0.5401	0.6011	0.3368	0.3368	238°44′	1	3.57	7.542	10°52′	12.03
0.30	24°45′	63°34′	44°38′	1.4286	0.4286	0.6122	0.6678	0.3631	0.3631	229°17′	1	3.33	6.256	11°48′	10.21
0.32	27°13′	65°25′	45°46′	1.4706	0.4706	0.6920	0.7396	0.3898	0.3898	219°40′	1	3.13	5.225	12°45′	8.725
0.34	29°51′	67°24′	46°59′	1.5152	0.5152	0.7806	0.8171	0.4171	0.4171	209°50′	1	2.94	4.387	13°44′	7.516
0.36	32°40′	69°30′	48°16′	1.5625	0.5625	0.8789	0.9006	0.4450	0.4450	199°48′	1	2.78	3.699	14°46′	6.522
0.38	35°41′	71°46′	49°37′	1.6129	0.6129	0.9886	0.9908	0.4736	0.4736	189°31′	1	2.63	3.128	15°49′	5.685
0.40	38°56′	74°12′	51° 3′	1.6667	0.6667	1.1111	1.0887	0.5029	0.5029	178°58′	1	2.50	2.652	16°53′	4.979
0.42	42°27′	76°50′	52°36′	1.7241	0.7241	1.2485	1.1953	0.5331	0.5331	168° 4′	1	2.38	2.250	18° 1′	4.376
0.44	46°16′	79°42′	54°15′	1.7857	0.7857	1.4030	1.3115	0.5644	0.5644	156°49′	1	2.27	1.910	19°10′	3.860
0.46	50°25′	82°49′	56° 1′	1.8519	0.8519	1.5775	1.4385	0.5969	0.5969	145° 6′	1	2.17	1.619	20°22′	3.417
0.48	54°58′	86°14′	57°56′	1.9231	0.9231	1.7752	1.5785	0.6309	0.6309	132°52′	1	2.08	1.370	21°37′	3.034
0.50	60° 0′	90° 0′	60° 0′	2.0000	1.0000	2.0000	1.7321	0.6667	0.6667	120° 0′	1	2.00	1.155	22°54′	2.699
0.52	65°36′	94°12′	62°15′	2.0833	1.0833	2.2570	1.9018	0.7046	0.7046	106°21′	1	1.92	0.9679	24°14′	2.405
0.54	71°53′	98°54′	64°42′	2.1739	1.1739	2.5519	2.0910	0.7452	0.7452	91°43′	1	1.85	0.8048	25°38′	2.148
0.56	79° 3′	104°17′	67°25′	2.2727	1.2727	2.8926	2.3021	0.7894	0.7894	75°49′	1	1.79	0.6614	27° 6′	1.921
0.58	87°20′	110°30′	70°25′	2.3810	1.3810	3.2880	2.5392	0.8383	0.8383	58°13′	1	1.72	0.5342	28°37′	1.719
0.60	97°11′	117°53′	73°48′	2.5000	1.5000	3.750	2.8057	0.8939	0.8939	38°12′	1	1.67	0.4200	30°12′	1.539
0.62	109°20′	127° 0′	77°39′	2.6316	1.6316	4.2937	3.0955	0.9599	0.9599	14°28′	1	1.61	0.3149	31°52′	1.379
0.634	120° 0′	135° 0′	80°43′	2.7321	1.7321	4.7321	3.3464	1.0817	0.5409	228°14′	2	1.58	0.2439	33° 5′	1.277

Tabelle 9. (Fortsetzung.)

μ	α_0	φ_0	β_0	$\frac{r_1}{a}$	$\frac{r_2}{a}$	$\frac{s}{a}$	$\frac{\varrho_0}{a}$	ε	ν für n_{min}	γ	n_{min}	$\left(\frac{d\beta}{d\alpha}\right)_0$	$\left(\frac{d^2\beta}{d\alpha^2}\right)_{-\alpha_0}$	α_{max}	$\left(\frac{d^2\beta}{d\alpha^2}\right)_{max}$
	Gl. (21b)	Gl. (22b)	Gl. (23b)	Gl. (24b)	Gl. (25b)	Gl. (26b)	Gl. (27b)	Gl. (28b)	Gl. (35b)	Gl. (39b)		Gl. (43a, b)	Gl. (45b)	Gl. (47b)	Gl. (48b)
2.44	115°49′	41°52′	36°16′	0.6944	1.6944	1.1767	0.9370	2.8956	0.9652	16°15′	3	0.410	0.8410	.....	.....
2.6	108°41′	36°31′	31°13′	0.6250	1.6250	1.0156	0.9951	.....	.....	.....	..	0.385	0.7359	.....	.....
2.8	102° 7′	31°35′	26°42′	0.5556	1.5556	0.8642	1.0371	3.4077	0.8519	53°19′	4	0.357	0.6494	.....	.....
3.0	97°11′	27°33′	23°23′	0.5000	1.5000	0.7500	1.0606	3.6019	0.9005	35°56′	4	0.333	0.5880	.....	.....
3.2	93°19′	24°59′	20°49′	0.4545	1.4545	0.6612	1.0742	3.7941	0.9485	18°34′	4	0.313	0.5407	.....	.....
3.4	90°12′	22°39′	18°46′	0.4167	1.4167	0.5903	1.0820	3.9863	0.9966	1°14′	4	0.294	0.5024	.....	.....
3.6	87°38′	20°43′	17° 6′	0.3846	1.3846	0.5326	1.0862	4.3242	0.8648	48°40′	5	0.278	0.4705	.....	.....
3.8	85°28′	19° 6′	15°42′	0.3571	1.3571	0.4847	1.0881	4.5162	0.9032	34°50′	5	0.263	0.4431	.....	.....
4.0	83°37′	17°43′	14°32′	0.3333	1.3333	0.4444	1.0887	4.7088	0.9418	20°58′	5	0.250	0.4193	.....	.....
4.2	82° 2′	16°31′	13°31′	0.3125	1.3125	0.4102	1.0882	4.9021	0.9804	7° 3′	5	0.238	0.3982	.....	.....
4.4	80°38′	15°29′	12°38′	0.2941	1.2941	0.3806	1.0873	5.2351	0.8725	45°54′	6	0.227	0.3794	.....	.....
4.6	79°25′	14°34′	11°52′	0.2778	1.2778	0.3549	1.0859	5.4284	0.9047	34°18′	6	0.217	0.3624	.....	.....
4.8	78°20′	13°45′	11°11′	0.2632	1.2632	0.3324	1.0843	5.6222	0.9370	22°40′	6	0.208	0.3471	.....	.....
5.0	77°22′	13° 1′	10°34′	0.2500	1.2500	0.3125	1.0826	5.8164	0.9694	11° 1′	6	0.200	0.3331	.....	.....
5.2	76°30′	12°22′	10° 2′	0.2381	1.2381	0.2948	1.0807	6.1463	0.8780	43°54′	7	0.192	0.3202	.....	.....
5.4	75°42′	11°47′	9°32′	0.2273	1.2273	0.2789	1.0789	6.3410	0.9059	33°52′	7	0.185	0.3084	.....	.....
5.6	74°59′	11°15′	9° 6′	0.2174	1.2174	0.2647	1.0770	6.5355	0.9336	23°50′	7	0.179	0.2974	.....	.....
5.8	74°20′	10°45′	8°41′	0.2083	1.2083	0.2517	1.0752	6.7306	0.9615	13°49′	7	0.172	0.2872	.....	.....
6.0	73°44′	10°18′	8°19′	0.2000	1.2000	0.2400	1.0734	6.9263	0.9895	3°48′	7	0.167	0.2778	.....	.....
6.2	73°11′	9°54′	7°59′	0.19231	1.1923	0.2293	1.0716	7.2539	0.9067	33°34′	8	0.161	0.2689	.....	.....
6.4	72°41′	9°31′	7°40′	0.18519	1.1852	0.2195	1.0699	7.4495	0.9312	24°46′	8	0.156	0.2607	.....	.....
6.6	72°13′	9°10′	7°23′	0.17857	1.1786	0.2105	1.0682	7.6456	0.9557	15°57′	8	0.152	0.2529	.....	.....
6.8	71°47′	8°50′	7° 7′	0.17241	1.1724	0.2021	1.0666	7.8413	0.9802	7° 8′	8	0.147	0.2456	.....	.....
7.0	71°22′	8°32′	6°52′	0.16667	1.1667	0.19445	1.0651	8.1674	0.9075	33°18′	9	0.143	0.2387	.....	.....
7.2	71° 0′	8°15′	6°38′	0.16129	1.1613	0.18730	1.0635	8.3635	0.9293	25°28′	9	0.139	0.2322	.....	.....
7.4	70°38′	7°59′	6°25′	0.15625	1.1563	0.18066	1.0620	8.5596	0.9511	17°37′	9	0.125	0.2260	.....	.....
7.6	70°18′	7°44′	6°12′	0.15152	1.1515	0.17447	1.0607	8.7564	0.9729	9°45′	9	0.132	0.2202	.....	.....
7.8	70° 0′	7°30′	6° 1′	0.14706	1.1471	0.16868	1.0594	8.9534	0.9948	1°52′	9	0.128	0.2147	.....	.....
8.0	69°42′	7°16′	5°50′	0.14286	1.1429	0.16326	1.0581	9.2778	0.9278	26° 0′	10	0.125	0.2094	.....	.....
8.2	69°25′	7° 4′	5°40′	0.13889	1.1389	0.15818	1.0568	9.4747	0.9475	18°55′	10	0.122	0.2044	.....	.....
8.4	69°10′	6°53′	5°31′	0.13514	1.1351	0.15340	1.0556	9.6716	0.9672	11°50′	10	0.119	0.1997	.....	.....
8.6	68°55′	6°41′	5°21′	0.13158	1.1316	0.14890	1.0545	9.8688	0.9869	4°43′	10	0.116	0.1951	.....	.....
∞	60° 0′	0°	0°	0	1	0	1	∞	1	0°	∞	0	0	.....	.....